Wissenschaftliche Reihe Fahrzeugtechnik Universität Stuttgart

Reihe herausgegeben von

Michael Bargende, Stuttgart, Deutschland

Hans-Christian Reuss, Stuttgart, Deutschland

Jochen Wiedemann, Stuttgart, Deutschland

Das Institut für Fahrzeugtechnik Stuttgart (IFS) an der Universität Stuttgart erforscht, entwickelt, appliziert und erprobt, in enger Zusammenarbeit mit der Industrie, Elemente bzw. Technologien aus dem Bereich moderner Fahrzeugkonzepte. Das Institut gliedert sich in die drei Bereiche Kraftfahrwesen, Fahrzeugantriebe und Kraftfahrzeug-Mechatronik. Aufgabe dieser Bereiche ist die Ausarbeitung des Themengebietes im Prüfstandsbetrieb, in Theorie und Simulation. Schwerpunkte des Kraftfahrwesens sind hierbei die Aerodynamik, Akustik (NVH), Fahrdynamik und Fahrermodellierung, Leichtbau, Sicherheit, Kraftübertragung sowie Energie und Thermomanagement – auch in Verbindung mit hybriden und batterieelektrischen Fahrzeugkonzepten. Der Bereich Fahrzeugantriebe widmet sich den Themen Brennverfahrensentwicklung einschließlich Regelungs- und Steuerungskonzeptionen bei zugleich minimierten Emissionen, komplexe Abgasnachbehandlung, Aufladesysteme und -strategien, Hybridsysteme und Betriebsstrategien sowie mechanisch-akustischen Fragestellungen. Themen der Kraftfahrzeug-Mechatronik sind die Antriebsstrangregelung/ Hybride, Elektromobilität, Bordnetz und Energiemanagement, Funktions- und Softwareentwicklung sowie Test und Diagnose. Die Erfüllung dieser Aufgaben wird prüfstandsseitig neben vielem anderen unterstützt durch 19 Motorenprüfstände, zwei Rollenprüfstände, einen 1:1-Fahrsimulator, einen Antriebsstrangprüfstand, einen Thermowindkanal sowie einen 1:1-Aeroakustikwindkanal. Die wissenschaftliche Reihe „Fahrzeugtechnik Universität Stuttgart" präsentiert über die am Institut entstandenen Promotionen die hervorragenden Arbeitsergebnisse der Forschungstätigkeiten am IFS.

Reihe herausgegeben von

Prof. Dr.-Ing. Michael Bargende
Lehrstuhl Fahrzeugantriebe
Institut für Fahrzeugtechnik Stuttgart
Universität Stuttgart
Stuttgart, Deutschland

Prof. Dr.-Ing. Jochen Wiedemann
Lehrstuhl Kraftfahrwesen
Institut für Fahrzeugtechnik Stuttgart
Universität Stuttgart
Stuttgart, Deutschland

Prof. Dr.-Ing. Hans-Christian Reuss
Lehrstuhl Kraftfahrzeugmechatronik
Institut für Fahrzeugtechnik Stuttgart
Universität Stuttgart
Stuttgart, Deutschland

Kordian Adam Komarek

Konzept eines remote Diagnosesystems zur Qualitätssteigerung von Messdaten in der modernen Fahrzeugentwicklung

 Springer Vieweg

Kordian Adam Komarek
IVK, Fakultät 7 Lehrstuhl für
Kraftfahrzeugmechatronik
Universität Stuttgart
Stuttgart, Deutschland

Zugl.: Dissertation Universität Stuttgart, 2023
D93

ISSN 2567-0042   ISSN 2567-0352 (electronic)
Wissenschaftliche Reihe Fahrzeugtechnik Universität Stuttgart
ISBN 978-3-658-43959-0   ISBN 978-3-658-43960-6 (eBook)
https://doi.org/10.1007/978-3-658-43960-6

Planung/Lektorat: Carina Reibold
Springer Vieweg ist ein Imprint der eingetragenen Gesellschaft Springer Fachmedien Wiesbaden GmbH und ist ein Teil von Springer Nature.
Die Anschrift der Gesellschaft ist: Abraham-Lincoln-Str. 46, 65189 Wiesbaden, Germany

Das Papier dieses Produkts ist recyclebar.

Danksagung

Die vorliegende Arbeit ist im Rahmen meiner Tätigkeit als wissenschaftlicher Mitarbeiter am Forschungsinstitut für Kraftfahrwesen und Fahrzeugmotoren Stuttgart (FKFS) entstanden.

Mein besonderer Dank gilt Herrn Prof. Dr.-Ing. H.-C. Reuss, der diese wissenschaftliche Arbeit ermöglicht hat. Er hat mich stets durch Rat und Tat gefördert und durch seine Unterstützung und sein Engagement, über den fachlichen Teil hinaus, wesentlich zum Gelingen der Arbeit beigetragen. Für die freundliche Übernahme des Mitberichts und die Förderung der vorliegenden Arbeit gilt mein Dank gleichermaßen Herrn Prof. Dr.-Ing. Bernard Bäker.

Ein großer und herzlicher Dank gilt Dr.-Ing. Michael Grimm. Er hat mich stets fachlich und menschlich gefördert. Insbesondere bedanke ich mich für das aktive Unterstützen meines Promotionsvorhabens und die konstruktiven Gespräche.

Zusätzlich bedanke ich mich bei Dr.-Ing. Barbara Krausz und Dipl.-Ing. Markus Breuning für die erfolgreiche und aufbauende Zusammenarbeit. Ich bedanke mich für die antreibenden Gespräche und die investierte Zeit.

Ferner bedanke ich mich bei allen Mitarbeitern der beiden Institute FKFS und IFS und der ROSI Technology GmbH. In gleichem Maße bedanke ich mich bei den studentischen und wissenschaftlichen Hilfskräften und den zahlreichen Bearbeiterinnen und Bearbeitern der zugehörigen Studien-, Bachelor- und Masterarbeiten.

Ich danke von ganzem Herzen meinem Vater Adam Komarek, meiner Mutter Izabela Komarek und meiner Schwester Monika Komarek, dass sie mir stets in allen Lebenslagen zur Seite standen und mich immer unterstützt und motiviert haben. Zusätzlich danke ich Ulrich Heinzelmann für die ausführlichen Korrekturen der Arbeit.

Abschließend gilt ein großer und herzlicher Dank meiner Frau Anja Heinzelmann, die mich immer unterstützt und ermutigt hat. Ohne ihre Hilfe hätte ich diese Herausforderung nicht meistern können.

Kordian Adam Komarek

Inhaltsverzeichnis

Abbildungsverzeichnis

Tabellenverzeichnis

Abkürzungs- und Formelverzeichnis

Abkürzungen

A2L	Beschreibungsformat für Steuergeräte
AD	Ablaufdaten
API	Application Programming Interface
ASAM	Association for Standardization of Automation and Measuring Systems
ASAP2	ECU Measurement and Calibration Data Exchange Format
AUTOSAR	Automotive Open System Architecture
CAN	Controller Area Network
CARB	California Air Resources Board
CBR	Case Base Reasoning
CL	Cluster
DBC	Dublicate by Characteristics
DLC	Diagnostic Layer Container
dll	Dynamic Link Library
DoCAN	Diagnostics Over Controller Area Network
DoIP	Diagnostics Over Internet Protocol
DOP	Data Object Propertie
DSC	Diagnosesystem Klassik
D-Server	Diagnostic Server
DSX	Diagnosesystem XCXS
DTC	Diagnostic Trouble Code
DTD	Document Type Definition
E/E	Elektrisch / Elektronische
ECU	Electronic Control Unit
EEPROM	Electrically Erasable Programmable Read-Only Memory
EOL	End of Line
FIN	Fahrzeug-Identifizierungsnummer
HPC	High-Performance Computing
HTTP	Hypertext Transfer Protocol

ID-REF	Identifier Reference
ISO	International Organization for Standardization
jar	Java Archive
jpg	Joint Photographic Experts Group
JSON	JacaScript Object Notation
KWP2000	Key-Word-Protokoll 2000
LIN	Local Interconnect Network
MCD	Measurement Calibration Diagnostic
MVCI	Modular Vehicle Communication Interface
MVD	Multi Variant Diagnostic
NRC	Negativ Response Code
OBD	On-Board-Diagnose
OD	ODX-Daten
ODX	Open Diagnostic Data Exchange
odx-c	ODX Kommunikationsparameter
odx-cs	ODX Untergruppe Kommunikationsparameter
odx-d	ODX Diagnosedaten
odx-e	ODX Steuergerätkonfiguration
odx-f	ODX Flashdaten
odx-fd	ODX Funktionsbibliothek
odx-m	ODX Multiple Steuergerät Jobs
odx-v	ODX Fahrzeugbeschreibung
OEM	Original Equipment Manufacturer
OSI	Open System Interconnection
OTX	Open Test sequence eXchange
PDU	Protocol Data Units
PDX	Packed Diagnostic Data Exchange
Prosa	Gerade heraus
REST	Representational State Transfer
SAE	Society of Automotive Engineers
SD	Steuergerätdaten
SLVM	Structure Link Vektor Space Model
SN-REF	Shortname Reference
SN-Refs	Shortname-Referenzen
SOP	Start of Production
SOVD	Service Oriented Vehicle Diagnostics

SPOT	Single Point of Truth
SSOT	Single Source of Truth
SW	Software
TCP/IP	Transmission Control Protocol / Internet Protocol
UDS	Unified Diagnostic Services
UML	Unified Modeling Language
VCI	Vehicle Communiaction Interface
W3C	World Wide Web Consortium
WLAN	Wireless Local Area Network
XCLS	XML documents Clustering with Level Similarity
XCXS	XML document Clustering with XEdge and weighted structure and content Simlarity, XML document Clustering with XEdge and weighted structure and content Simlarity
XML	Extensible Markup Language
XT	Extreme Tailoring

Formelzeichen

L_i	LevelEdge Darstellung einer homogenen oder hetereogenen Datenstrucktur
m	Minimale Anzahl Level von L_1 und L_2
M	Maximale Anzahl Level von L_1 und L_2
a	Eine positive Zahl
c_i	Anzahl identischer Kanten in L_i
t_j	Gesamtanzahl Kanten in L_1 und L_2
Sim_{L_1,L_2}	Distanzmetrik zwischen LevelEdge Darstellungen L_1 und L_2 für homogene oder heterogene Datenstrukturen
sim_H^ω	Allgemeine gewichtete Hamming-Ähnlichkeit
ω_i	Positivier Gewichtungsfaktor für den i-te Merkmalwert
$sim_i(x_i, y_i)$	Quantative oder qualitative Ähnlichkeitswert zwischen x und y für das Merkmal i
$sim_{cc}(x_{cc}, y_{cc})$	Qualitative Ähnlichkeitswert zwischen x und y für das Merkmal ODX-Objekt COMPU-CATEGORY

$sim_{stemp}(t_1, t_2)$	Quantitativer Ähnlichkeitswert zwischen den den Merkmalen Temperatur t_1 und t_2
sim_{TH}	Schwellwert zwischen 0 und 1 für inkrementelles Clustering
$D_{i,j}$	Levensthein-Distanz zwischen den Zeichen i und j
u, v	Zeichenketten
u_i, v_i	Zeichen an der Stelle i in den Zeichenketten
λ	Variabler Gewichtungswert zwischen 0 und 1
ε	Gewichtungsfaktor zwischen Zeichenähnlichkeit und gewichteter Werte- und Merkmalähnlichkeit
$DLev(x, y)$	Damerau-Levenshtein-Editierdistanz zwischen x und y
$ContSim_{x,y}$	Gewichtete inhaltiche Gesamtähnlichkeit zwischen x und y
$StructSim_{x,y}$	Gewichtete strukturelle Gesamtähnlichkeit zwischen x und y
$SIM_{x,y}$	Gewichtete strukturelle und inhaltliche Gesamtähnlichkeit zwischen x und y
C	Menge der Clusterresultate
C_i	Ein Cluster in der Menge der Clusterresultate C
D	Menge der XML Beschreibungsdaten
D_i	Eine XML Beschreibungsdatei in der Menge aller Beschreibungsdaten D

Zusammenfassung

In heutigen Entwicklungsprozessen von Kraftfahrzeugen ist die Dynamik, mit welcher der Software- und Hardwarereifeprozess die notwendigen Iterationsschleifen durchläuft, sehr hoch. Megatrends wie autonomes Fahren, Elektrifizierung und künstliche Intelligenz erhöhen signifikant die Komplexität der Software und Systeme [1] [2]. Besonders durch die Kombination steigender Vernetzung und zunehmender Variantenvielfalt ist die Zuverlässigkeit der Fahrzeugdiagnose ein wichtiger Aspekt. Die Off-Board-Diagnose, als Werkzeug, ist mittlerweile ein integraler und fester Bestandteil der Fahrzeugentwicklung geworden. Eine entscheidende Herausforderung ist die Qualität von diagnostischen Messresultaten im verteilten Fahrzeugsystem und darüber hinaus in verteilten Fahrzeugflotten.

Diese Arbeit zeigt Herausforderungen im ODX Datenmodell nach ISO 22901-1 und im verteilten Diagnosesystem. Der Beitrag stellt einen neuen grundlegenden Ansatz vor, die Qualität von Messdaten in verteilten Systemen signifikant zu erhöhen. Auftretende Fehlerpfade in remote Diagnoseanwendungen werden erstmalig für den Anwender identifizierbar. Kern dieses Verfahrens ist eine neue Methode, strukturelle und inhaltlichen Ähnlichkeiten von heterogenen Diagnosedaten (ODX) inkrementell zu gruppieren. Das eingeführte **XCXS-Verfahren** (XML document clustering with XEdge and weighted structure and content similarity) basiert auf einer Kombination aus mathematischen Metriken für Inhalte und Strukturen und einem effizienten inkrementellen Clusteralgorithmus. Die resultierenden Diagnosecluster umfassen Änderungshistorien der Softwarerevisionen und sind steuergeräte- und variantenübergreifend. Neuartige Anfrage- und Interpretationsstrategien der Diagnose werden möglich.

Der resultierende, diagnostische Informationsvorsprung ermöglicht die Darstellung eines zentralisierten und asynchronen remote Diagnosesystems. Diese neue Diagnosearchitektur bietet dem Experten verschiedene Möglichkeiten und Optionen, Messdaten zu interpretieren und mögliche Fehler bereits frühzeitig zu beseitigen.

Abstract

In today's development processes for motor vehicles, the dynamics with which the software and hardware maturity processes run through the necessary iteration loops are very high. Megatrends such as autonomous driving and electrification significantly increase the complexity of software and systems [1] [2]. The reliability of vehicle diagnostics is an important aspect, particularly due to the combination of increasing networking and increasing variety. Off-board diagnosis, as a tool, has meanwhile become an integral and fixed part of vehicle development. A crucial challenge is the quality of diagnostic measurement results in the distributed vehicle system and beyond that in distributed vehicle fleets.

This work shows challenges in the ODX data model according to ISO 22901-1 and in the distributed diagnostic system. The dissertation presents a new fundamental approach to significantly increase the quality of measurement data in distributed systems. Error paths that occur in remote diagnostic applications can be identified for the first time by the user. The core of this procedure is a new method for incrementally grouping similarities in the structure and content of heterogeneous diagnostic data (ODX). The introduced **XCXS method** (XML document clustering with XEdge and weighted structure and content similarity) is based on a combination of mathematical metrics for content and structures and an efficient incremental clustering algorithm. The resulting diagnostic clusters include change histories of the software revisions and are cross-control unit and cross-variant. Novel query and interpretation strategies for the diagnosis become possible.

This work identifies and analyzes the challenges in modern off-board diagnostic systems at the system and data levels. In a first step, the broad field of vehicle diagnostics is defined and narrowed down. The focus of the subsequent analyses is the "vehicle test" process step from the extended V-model.

The subject of the study is the increasing dynamics and diversity of variants in data-driven ECU and vehicle development. In this context, the increasing dynamic changes of ODX databases (revisions) and the variety of variants of different vehicle series were examined based on practical data. This work compares diagnostic architectures for local and remote use cases and evaluates them qualitatively according to the following criteria: Synchronization of description and sequence data, scalability and resources, reliability and availability, as well as maintainability and ability to update. One focus is on increasing the quality of diagnostic results, with a particular emphasis on the reliability, availability and synchronization of diagnostic data. In summary, the focus is on a hybrid diagnostic architecture based on the concept of asynchronous remote communication.

In the next step of the analysis in this paper, various challenges in the ODX data model are listed and discussed. The first point discussed is that error-free change tracking of diagnostic data in the ODX data model is not technically feasible. Adjustments or additions to the description file, such as adding new diagnostic services or changing conversion parameters, can only be described as "prose text". The principle of change tracking theoretically represents an ideal basic mechanism for identifying diagnostic errors quickly and efficiently. This paper presents a structural and content similarity method that can effectively close this gap.

In the second step, the work shows that all diagnostic systems are implemented according to the single-source principle. The ODX database claims to be correct, reliable and dependable in terms of the completeness of the data. Using the example of incorrect variant identification in the diagnostics and physical addressing in the control unit, this paper shows possible error paths. In addition, the third step of the analysis looks at diagnostic objects in static and runtime states. Using the example of the "gearshift_data" diagnostic service of a transmission control unit. The effects of insufficient resolution of the data in the static state in combination with a change to the data in the development process are shown in detail. The consequences of insufficient static data resolution are incomplete or invalid measurement results.

A diagnostic system consists of a complex interaction of software components, hardware, databases and configurations. This work simplifies a diagnostic system at the data level into three sub-areas. This simplified view consists of diagnostic sequence data, ODX data and ECU data. Various critical diagnostic scenarios for measurement data quality are described from this perspective.

"Critical diagnostic paths" for an abstract vehicle diagnostic system are derived based on these simplified diagnostic quantities. Three scenarios are considered: Sequence data with references, diagnostic functions in the ECU and interpretation in the D-Server (MVCI server). The investigations focus on five control units in the powertrain of an upper-mid-range production vehicle. In addition, development data records (ODX revisions) of the powertrain control units were comprehensively supplemented for the analysis over a period of three years up to SOP. This work described and discussed the causes of faults and evaluated them in tabular form according to their probability of occurrence. The evaluations were carried out at a total of five levels (very low, low, medium, high and very high), each comprising ranges for the average errors per diagnostic run.

As a result of the analysis, this thesis identifies the topics "centralization of the diagnostic system", "asynchronous remote communication" and "aggregation of diagnostic data" as the main requirements for a new concept to increase the quality of remote diagnostics. The procedure for clustering cross-controller, multi-variant and heterogeneous diagnostic objects with holistic change information is the core of this new diagnostic system. Increasing the availability, reliability and quality of the diagnostic results is the main objective of this concept. The following key question is derived from these challenges:

"How can diagnostic data and sequences be automatically aggregated to maximize the quality of diagnostic execution and measurement results?"

The new XCXS method (XML document clustering with XEdge and weighted structure and content similarity) automatically groups diagnostic data (ODX) according to content and structural similarities using an efficient incremental clustering algorithm. The process consists of 5 chronological steps.

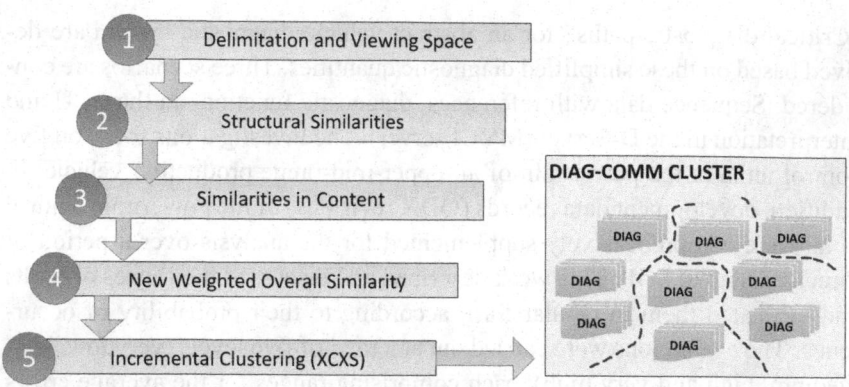

The first step, "Delimitation and Viewing Space", determines which sub-areas are to be delimited or included in the ODX data model. The focus here is on diagnostic objects (DIAG-COMM) that describe a complete diagnostic data set with query and response parameters.

The second step, "Structural Similarities" comprises a combination of methods for comparing diagnostic objects on a structural level. For this work, the LevelEdge method was selected for the representation and the XEdge calculation method for the similarity between two trees (data structures ($StrucSim_{L_x,L_y}$)). This method makes it possible to determine the depth of the structural comparison using the weighting variable as an integer. The main reasons for this choice are the efficiency of the calculation in combination with a sufficient accuracy of the procedures.

The third step, "Content Similarities" is a combination of two methods from the literature to compare content in the form of free text, enumerations and numbers and to determine a similarity measure. This work introduces a weighted and general similarity $SIM_{Cont}(x, y)$ for the first time. This consists of the combination of the Damerau-Levenshtein distance measure and a general Hamming distance. The Damerau-Levenshtein editing distance is used for diagnostic free text and the Hamming distance for diagnostic enumerations and figures. The additional weighting factor ω and ε makes it possible to place individual emphasis on important similarities between enumeration types, numerical values and free text.

In step four, the structural similarity determination $StrucSim_{L_x,L_y}$ and the content-related similarity determination $ConSim_{x,y}$ are combined to form the weighted overall similarity SIM_{L_x,L_y}. The two focal points of the overall similarity (structure or content) can be defined via the variable λ between 0 and 1. The weighting factor is set to the value $\lambda = 0.75$ for this elaboration. The focus of the similarity calculation is therefore 75% on the comparison of content ($ContSim_{x,y}$) and 25% on the comparison of structural similarities ($StrucSim_{L_x,L_y}$).

The final step of the XCXS method combines the weighted overall similarity SIM_{L_x,L_y} with an efficient incremental clustering algorithm (XML documents clustering with level similarity - XCLS) for large ODX datasets. The aim of the method presented is to group DIAG-COMM objects with a high degree of structural and content similarity quickly, efficiently and accurately. The two-stage method (XCLS) uses a user-defined similarity threshold Sim_{TH}, which influences the size of the clusters.

A prototype for a remote diagnostic system was developed as practical proof of this work. The prototype centralizes data and software components in the cloud and, together with the XCXS process, enables the use of diagnostic clusters for off-board vehicle diagnostics. The system consists of a backend with a server operating system, database instances and diagnostic software, as well as a web service API.

A hybrid upper mid-range diesel vehicle was chosen as the test vehicle for the prototype implementation. The focus was on the engine control unit, the traction battery control unit and the transmission control unit. A total of 120 diagnostic services from three UDS categories with 21 software variants were used as a test data set.

The XCSX method was defined with user-defined weightings and threshold values. In summary, the XCXS configuration enables individual, user-specific adaptation of the parameter data with five degrees of freedom. The XCXS procedure calculates a total of 64 diagnostic clusters incrementally. Basically, more than one query and interpretation option are available to the runtime system. The diagnostic clusters enable multi-variant diagnostic execution for the first time. In the classic deterministic diagnostic system, diagnostic services are sent to a target ECU uniquely by a short name or identifier via hexadecimal request. In this paper, a "two-stage request strategy" is proposed based on the calculated diagnostic clusters. This consists of five steps. In summary, the request strategy significantly increases the measurement accuracy and fault tolerance compared to a simple request.

The final chapter compares the measurement results of the prototype implementation, using the XCXS method with the two-stage query strategy, against a classic conductive diagnostic system with an ISO-compliant MVCI server. The series of measurements presented mainly consider the changes in the ODX revisions over time. The software version of the test vehicle (black box) and the sequence data remain unchanged over time. In direct comparison with a classic diagnostic system, the prototype shows an average overall optimization of over 50% (1715 data).

In summary, the new procedure introduced in this work represents a new fundamental tool for modern and fast-moving vehicle development. With the XCXS method, this work creates the basis for making missing or faulty diagnostic measurement data identifiable along the entire value chain.

The resulting advantage in diagnostic information enables the representation of a centralized and asynchronous remote diagnostic system. This new diagnostic architecture offers the expert various opportunities and options for interpreting measurement data and eliminating possible errors at an early stage.

1 Einleitung

1.1 Motivation mit Forschungsfrage

Mehr als die Hälfte der Software eines Motorsteuergerätes besteht heutzutage aus Diagnosefunktionen. Diagnosesoftware von elektronischen Steuergeräten wird mit den gleichen Qualitätsanforderungen und Werkzeugen entwickelt und freigegeben wie funktionale Fahrzeugfunktionen. Von der Definition der Anforderungen über die Entwicklung, Konfiguration und Test der Steuergeräte bis hin zur Systemintegration und Freigabe werden alle Schichten im erweiterten V-Zyklus durchlaufen. Nach [1] ist die Diagnosesoftware ein fester Bestandteil, des Entwicklungsprozesses, eines modernen Fahrzeuges geworden.

Nach [3] werden zunehmend bereits in den frühen Phasen und bei niedrigem Reifegrad der Fahrzeugsoftware und -hardware diagnostische Messresultate, zur eigentlichen Entwicklung des Produkts, genutzt. Diagnosefunktionen sind ein Hauptwerkzeug der Messdatenerfassung. Hierbei spielen Daten aus der lokalen und remote Off-Board-Diagnose eine essentielle Rolle. In der Regel sind Entwicklungsträger global auf verschiedene Orte verteilt, sodass die remote Diagnose zunehmend an Bedeutung gewinnt. Die Kombination aus hoher Änderungsdynamik der Software, vielen Fahrzeug- und Steuergerätevarianten und global verteilten Versuchsträgern führt in der Praxis oft zu unvollständigen oder unplausiblen Resultatdaten. Die Ursachen dafür können vielfältig sein. Veraltete Datenstände, Fehler im Diagnosesystem oder Implementierungsfehler im Steuergerät sind nur wenige Beispiele für komplexe Fehlerbilder, die entstehen [4]. Das Identifizieren der Ursachen und das nachgestellte Korrigieren der Messdaten sind oft nicht möglich. Hohe Kosten, verlängerte Entwicklungszeiten und fehlerhafte Software sind die negativen Folgen für den Fahrzeughersteller (OEM). Hieraus resultiert die Forschungsfrage dieser wissenschaftlichen Ausarbeitung.

© Der/die Autor(en), exklusiv lizenziert an
Springer Fachmedien Wiesbaden GmbH, ein Teil von Springer Nature 2023
K. A. Komarek, *Konzept eines remote Diagnosesystems zur Qualitätssteigerung von Messdaten in der modernen Fahrzeugentwicklung*, Wissenschaftliche Reihe Fahrzeugtechnik Universität Stuttgart, https://doi.org/10.1007/978-3-658-43960-6_1

Forschungsfrage:

Wie ist es möglich, bei steigender Variantenvielfalt und hoher Änderungsdy-
namik in der modernen Fahrzeugentwicklung, Messfehler in remote Off-
Board-Diagnosesystemen identifizierbar zu machen?

Die Erhöhung der Verfügbarkeit, Zuverlässigkeit und Qualität von diagnostischen Messdaten sind Haupttreiber der folgenden Analysen und Auswertun-
gen.

1.2 Inhalt der Arbeit

Kapitel 2 „Stand der Technik" befasst sich mit dem Begriff Diagnose und
stellt den aktuellen technischen Stand der allgemeinen Fahrzeugdiagnose dar.
Das Kapitel zeigt Unterschiede zwischen On- und Off-Board Diagnose und
beschreibt das standardisierte OSI-Schichtenmodell nach ISO 1987 für Bussysteme und Datennetze. Aus der Literatur ist der aktuelle Standard für Datenmodelle und Applikations-Interfaces (APIs) MVCI (Modular Vehicle Communication Interface) der ASAM-Arbeitsgruppe für Messsysteme im
Abschnitt dargelegt. Der diagnostische allgemeine Entwicklungsprozess über
die Wertschöpfungskette wird mit aktuellen diagnostischen Vorgehensmodel-
len (V-Modelle) zusätzlich beschrieben. Der Standard ODX nach ISO 22901-
1 für diagnostische Beschreibungsdaten von Steuergeräten und OTX nach ISO
13209 für diagnostische Abläufe sind im Detail ausgeführt. Zusätzlich gibt das
Kapitel mit dem neuen Standard SOVD für Service-Oriented-Vehicle-Diag-
nostics einen Ausblick auf zukünftige Diagnosesysteme. Abschließend ist das
Themengebiet Distanz- bzw. Ähnlichkeitsmetriken für Datenstrukturen und
Dateninhalte aufgeführt. Kapitel 2 stellt das Verfahren LevelEdge, die allge-
meine gewichtete Hamming-Distanz und die bekannte Damerau-Levensthein-
Distanz vor. Alle Verfahren und Metriken sind anhand fahrzeugdiagnostischer
Beispiele umfassend beschrieben.

Kapitel 3 „Analyse datengetriebener Off-Board-Diagnose-Systeme in der
Entwicklung" zeigt aktuelle Diagnosearchitekturen und Laufzeitsysteme und
diskutiert diese. Herausforderungen der steigenden Änderungsdynamik und
Variantenvielfalt von Diagnosedaten in der Entwicklung sind im Kapitel dar-

gelegt. Das Kapitel stellt die direkten Folgen und Auswirkungen auf die Messdatenqualität von asynchronen und verteilten Beschreibungsdaten (ODX) dar und zeigt diese anhand von Beispielen. Auf Basis einer ersten Analyse wird der Fokus auf diagnostische Datenbasen gelegt. Im Allgemeinen wird ein Diagnosesystem in drei Bereiche Ablaufdaten, Beschreibungsdaten und Steuergerätdaten abstrahiert. Auf Basis dieser Betrachtung werden verschiedene Anwendungsfälle dargestellt und neue Herausforderungen für die Qualität der Messdaten sichtbar. Darauf aufbauend identifiziert das Unterkapitel „Herausforderungen im Datenmodell nach ISO22901 (ODX)" erstmalig Herausforderungen im ODX Datenmodel für die Identifizierbarkeit von Diagnosefehlern. Herausforderungen wie statische Daten im Vergleich zu Laufzeitdaten, ODX als „Single Point of Truth" und Redundanzfreiheit durch Referenzen werden im Kapitel diskutiert. Abschließend fasst Kapitel 3 die Analyseresultate zusammen und führt die ermittelten Herausforderungen der diagnostischen Messdatenqualität tabellarisch auf.

Kapitel 4 „Grundlegender Ansatz zur Qualitätssteigerung der remote Fahrzeugdiagnose" greift die in Kapitel 3 identifizierten Herausforderungen auf und definiert einen grundlegenden Ansatz zur diagnostischen Qualitätssteigerung im Entwicklungsumfeld. Im ersten Teil werden wichtige Anforderungen aus identifizierten Herausforderungen abgeleitet. Auf Systemebene ist die Zentralisierung der Daten und Applikationen in der Cloud und die asynchrone Kommunikation Hauptbestandteil des neuen Ansatzes. Das Unterkapitel 4.3 beschreibt ein neues Verfahren, um Diagnosedaten inkrementell nach inhaltlichen und strukturellen Ähnlichkeiten zu clustern. Die gruppierten Diagnosedaten sind varianten-, baureihen- und revisionsübergreifend.

Herausforderungen wie Fehler in der Toolkette, veraltete Diagnoseversionen, Implementierungsfehler im Steuergerät oder sogar defekte Sensorik im Fahrzeug können dadurch für den Experten identifizierbar gemacht werden. Kapitel 4 stellt ein remote Diagnosesystem vor, welches alle Daten zentral in der Cloud hält. Ein hohes Maß an Datenverfügbarkeit und Datensynchronität wird dadurch gewährleistet. Ein neues Konzept der Zentralisierung von Systemarchitektur und das Aggregieren von Diagnosedaten wird vorgestellt.

Kapitel 5 „Praktischer Nachweis und Bewertung" zeigt schrittweise den prototypischen Aufbau des neuen multivarianten und asynchronen remote Diagnosesystems. Von der Messhardware bis zum Aufbau des multivarianten

Backend mit remote Kommunikationsschnittstelle wird die Zusammensetzung diese Systems dargelegt. Der praktische Nachweis wird, anhand eines Fahrzeugs der oberen Mittelklasse für drei Antriebsstrangsteuergeräte, erbracht. Danach wird das neue Konzept im Vergleich zu klassischen Diagnosesystemen bewertet und diskutiert. Ein Faktor zur diagnostischen Qualitätssteigerung der Messresultate wird eingeführt. Abschließend werden in **Kapitel 6** mögliche Einschränkungen diskutiert und ein Ausblick für weitere Untersuchungen gegeben.

2 Stand der Technik

Diese Kapitel beschreibt den aktuellen Stand der Technik von On-Board- und Off-Board-Diagnosesystemen im automobilen Umfeld. Von der allgemeinen Definition des Begriffs Diagnose über Netzwerkprotokolle und Schichtenarchitektur bis hin zu standardisierten Diagnoseformaten für Steuergerätebeschreibungen (ODX) und Testabläufe (OTX) umfasst der Grundlagenteil die wichtigsten Aspekte der Fahrzeugdiagnose. Abschließend werden verschiedene mathematische Distanz-Metriken für Strukturen, Merkmale und Werte mit heterogenen Diagnosedatensätzen vorgestellt und beschrieben.

2.1 Allgemeine Fahrzeugdiagnose

Diagnose wurde ursprünglich aus dem altgriechischen Begriff „diágnosis", bestehend aus diá (durch) und gnosis (Erkenntnis, Urteil), abgeleitet [5]. Der Diagnose Begriff hat seine Wurzeln in der Medizin. Im medizinischen Kontext ist die Diagnose wie folgt definiert [1] :

> „Aus konkreten und mehr diffusen Symptomen des Patienten und der Krankheitsgeschichte erstellt der Arzt unter Zuhilfenahme seines Instrumentariums ein Zustandsbild des Patienten, um geeignete Maßnahmen zur Heilung einzuleiten."

Diese Beschreibung ähnelt der groben Definition der Fahrzeugdiagnose [1]:

> „Aus konkreten und diffusen Symptomen, die der Fahrer schildert, wird im Service unter Zuhilfenahme der Diagnosesysteme ein exaktes Fehlerbild erstellt und es werden geeignete Reparaturmaßnahmen eingeleitet."

Der Begriff Diagnose greift im Kontext Automotive noch viel weiter und umfassender. Es werden On- und Off-Board-Methoden, Prozesse und Werkzeuge von der frühen Entwicklung bis zum Serienbetrieb verwendet.

Im Lebenszyklus eines Fahrzeugs werden diese Werkzeuge verwendet um Vorgänge wie Programmierung, Konfiguration, Fehlersuche und Reparaturen durchzuführen. Die klassische Fahrzeugdiagnose zur Fehlerbilderkennung

© Der/die Autor(en), exklusiv lizenziert an
Springer Fachmedien Wiesbaden GmbH, ein Teil von Springer Nature 2023
K. A. Komarek, *Konzept eines remote Diagnosesystems zur Qualitätssteigerung von Messdaten in der modernen Fahrzeugentwicklung*, Wissenschaftliche Reihe Fahrzeugtechnik Universität Stuttgart, https://doi.org/10.1007/978-3-658-43960-6_2

und als unterstützendes Werkzeug bei Reparaturen wird zunehmend ein zentraler Bestandteil in der Entwicklung eines Fahrzeugs.

2.1.1   On-Board und Off-Board Diagnose

Im Allgemeinen wird zwischen On-Board und Off-Board Fahrzeugdiagnose bei Steuergeräten unterschieden. Die On-Board-Diagnose beinhaltet alle Diagnosebestandteile innerhalb des Steuergerätes, auch bekannt als Fahrzeugeigendiagnose. Off-Board-Diagnose hingegen umfasst die Diagnosebestandteile außerhalb des Fahrzeuges.

Abbildung 2.1 zeigt im unteren Bereich das Diagnosetestsystem mit den **Off-Board Fehlerdiagnosefunktionen** (Überwachungsfunktion). In der Produktion oder im Service wird als Diagnosetestsystem üblicherweise ein Diagnosetester verwendet. Der Diagnosetester ist über eine physikalische Fahrzeugschnittstelle an das Fahrzeug angeschlossen und kommuniziert mit diagnosefähigen Steuergeräten (Diagnosekommunikation) [6].

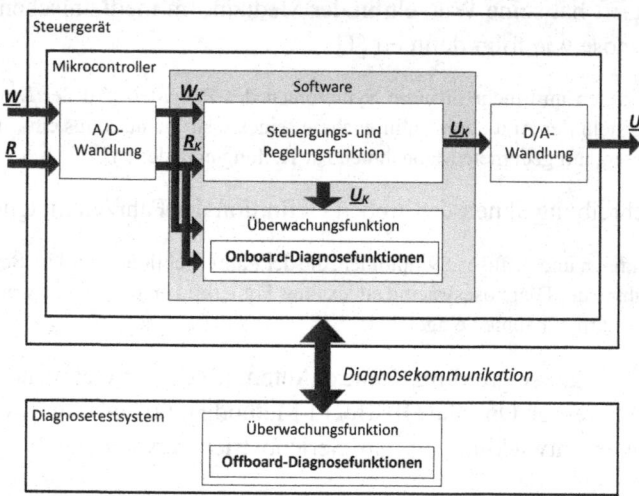

Abbildung 2.1:   Übersicht von On-Board und Off-Board-Diagnosefunktionen im Diagnosetester und dem zu diagnostizierenden Steuergerät nach [7]

Im oberen Bereich der Abbildung 2.1 ist ein möglicher Aufbau eines steuergerätseitigen On-Board-Diagnosesystems dargestellt. Neben Steuerungs- und

Regelungsfunktion überwacht die Steuergerätsoftware das gesamte elektronische System ständig auf Fehlverhalten, Ausfälle und Störungen. Erkannte Fehlersymptome in den On-Board-Funktionen werden im Fehlerspeicher abgelegt. Der Fehlerspeicher im Steuergerät ist als persistente Ablage in Form eines nicht-flüchtigen Speichers (EEPROM) ausgelegt. Neben den Fehlersymptomen (DTC – Diagnostic Trouble Code) existieren gesetzliche Anforderungen, um weitere Informationen abzuspeichern. Somit umfasst ein DTC neben der Fehlerbeschreibung und einem Fehlercode zusätzlich Betriebs- und Umweltbedingungen, die zum Zeitpunkt des Fehlers aufgetreten sind. Diese Informationen können von einem Off-Board-Diagnosetestsystem ausgelesen und verarbeitet werden. Neben Fehlerspeichereinträgen können weitere Daten aus dem Steuergerät ausgelesen werden. Ursprünglich war ein Diagnosesystem zur Unterstützung einer schnellen Fehlersuche in Servicewerkstätten gedacht. Nach [7] ist aufgrund von gesetzlichen Vorgaben bezüglich Sicherheit und Zuverlässigkeit das On-Board-Diagnosesystem ein umfangreiches Teilsystem des Steuergerätes geworden.

2.1.2 Open-System-Interconnect-Schichtenmodell

Um die Kommunikation und die Hierarchie von digitalen Bussystemen strukturiert beschreiben zu können, hat die ISO (International Organization for Standardization) das Open-System-Interconnect-Schichtenmodell definiert (ISO 1987). Abbildung 2.2 zeigt von der Anwendung (oben) z.B. einem Off-Board-Diagnosesystem nach unten zu den Steckverbindungen und Kabeln die sieben Schichten des Modells [8]. Die ausgegrauten Schichten werden im Fahrzeug nicht verwendet und teilweise von anderen Schichten übernommen. Der Standard ist akademischer Natur, sodass reale Standards oft mehrere Schichten zusammenfassen oder nur Teile einer Schicht umgesetzt werden. Hinzu kommt, dass für gleiche Aufgabenstellungen oft mehrere, voneinander abweichende Standards definiert werden. Umgekehrt werden gleiche technische Lösungen in verschiedenen Standards beschrieben [9].

Die Schichten 1 und 2 beschreiben das eigentliche Bussystem mit elektrischen, mechanischen und funktionalen Parametern der physikalischen Verbindungen.

Mögliche Anwendungen (On-Board: Steuergerät oder Off-Board: Diagnosetester)			
	Layer (Schicht)	**Anwendung**	
7	Applikation (Anwendung)	Programm das der Anwender bedient, z.B. Lesen Fehlerspeicher oder Diagnoseausführung	Diagnoseprotokoll
6	Präsentation (Darstellung)	z.B. Darstellung der Daten	
5	Session (Sitzungssteuerung)	z.B. Authentifizierung oder Synchronisation	
4	Transport (Datentransport)	Aufteilung und Zusammensetzung der Daten mehrerer Botschaften (Segmentierung)	Transportprotokoll
3	Network (Vermittlung)	Routing, Adressvergabe, Teilnehmererkennung und -überwachung	
2	Data Link (Sicherung)	Botschaftsaufbau, Buszugriff, Fehlersicherung, Flusskontrolle	Bussystem
1	Physical (Bitübertragung)	Elektrische Signalpegel, Bitcodierung	
Mechanik – Steckverbinder und Kabel			

Abbildung 2.2: OSI-Schichtenmodell nach ISO 1987 für Bussysteme und Datennetze [9]

Die physikalische Schicht 1 (Bitübertragung) definiert, wie die Signale auf die Leitung kommen, welche Signalpegel benötigt werden oder wie diese kodiert werden. Des Weiteren wird die physikalische Übertragungsart, wie z.B. optisch, elektrisch oder drahtlos mit den Leitungsarten Einzeldraht, geschirmte oder ungeschirmte Zwei-Draht-Leitung definiert. Die Schicht 2 Data Link (Sicherung) gewährleistet den Buszugriff, Fehlersicherheit und Flusskontrolle zwischen zwei im Netz befindlichen Teilnehmern. Insbesondere definiert die Data Link Schicht, aus wie viel Bits eine Botschaft zusammengesetzt wird und wie mögliche Übertragungsfehler erkannt werden. In der Automobiltechnik kommt aufbauend auf die Schichten 1 und 2 nur noch die Schicht 4 (Datentransport) und die oberste Schicht 7 (Applikation) zum Tragen. Die Transportschicht 4 definiert, wie die Daten in Botschaften aufgeteilt (von oben nach unten) und zusammengesetzt (von unten nach oben) werden. Im Allgemeinen wird von der „Segmentierung oder Desegmentierung" der Botschaften gesprochen. Die Schnittstelle zur Anwendungsschicht 7 ist z.B. ein Off-Board-Diagnosesystem. Hier werden in abstrahierter Form fertige Diagnosedienste, wie z.B. das Auslesen des Fehlerspeichers mit Umgebungsdaten im Steuergerät oder das standardisierte Ausführen von Diagnoseabfolgen, umgesetzt. Im OSI-Schichtenmodell wird versucht, Details von niedrigeren Schichten gegenüber höheren Schichten zu kapseln. Für die verschiedenen Schichten existieren unterschiedliche Standards bzw. Normen. Diese sind zusätzlich nach Anwendungsgebieten und Gebieten (Kontinenten) verschieden.

Abbildung 2.3 zeigt tabellarisch die für diese Ausarbeitung relevanten Standards der Fahrzeugdiagnose mit Bezug auf die OSI-Schichten.

OSI	Protokoll	Anwendung	EU/US-Standard
7 & 5	UDS	Diagnose und OBD	ISO 14229 Unified Diagnostic Services
7 & 5	OBD	Diagnose US OBD, EOBD	ISO 15031, SAE J1930, J1962, J1978, J1979, J2012, J2186
4 & 3	ISOTP	CAN	ISO 15765
1 & 2	CAN	Diagnose, Class B/C On-Board	ISO 11898 1-3 Bosch CAN 2.0 A, B ISO 11992 Zugfahrz., Anhänger ISO 11783 ISO BUS Landmaschinen

Abbildung 2.3: Auszug der Diagnosestandards mit Bezug zum OSI-Schichtenmodell nach [8] [9]

Relevante Diagnosekommunikationsprotokolle sind Unified Diagnostic Services (UDS, „vereinheitlichte Diagnosedienste") und On-Board-Diagnostics (OBD) [10] [11] [12]. Diese ermöglichen es einheitlich (fahrzeug- und herstellerunabhängig) Diagnosedienste, wie z.B. das Auslesen von Messwerten oder Fehlerspeichereinträgen, auszuführen. Das Transportprotokoll ISOTP ermöglicht den Transport von bis zu 4095 Bytes Nutzdaten pro Telegramm in der Diagnose.

Abbildung 2.3 zeigt als unterste Schichten 1 und 2 das Bussystem CAN (Controller Area Network). CAN wurde von der Firma BOSCH in den 80er Jahren entwickelt und wird seit 1991 im Fahrzeug, in überarbeiteter Form („29 Bit Identifier") als CAN 2.0A und 2.0B, eingesetzt. Die ISO 11898 definiert die Anwendung des Standards im Fahrzeug [9]. Vom ISOTP Transportprotokoll werden auch weitere Bussysteme wie FlexRay, LIN oder MOST-Bus unterstützt. Nach [9] werden elektronische Systeme immer komplexer und zwangsläufig datenintensiver. Um diesem Trend gerecht zu werden, wurde die Ethernet-Technologie DoIP (Diagnostics over Internet Protocol) mit der ISO 13400 eingeführt. DoIP fügt sich nahtlos in das OSI-Schichtenmodell ein und ermöglicht die Nutzung von UDS über TCP/UDP beziehungsweise Ethernet [13]. Abbildung 2.4 zeigt DoIP im OSI-Schichtenmodell.

OSI	Protokoll	EU/US-Standard
7 & 5	UDS	ISO 14229 Unified Diagnostic Services
7 & 5	DoIP	ISO 13400 Diagnostics Over Internet Protocol
4	TCP/ UDP (Transportprotokoll)	
3	IPv4/IPv6 (Netzwerkprotokoll)	
1 & 2	Ethernet MAC, BroadR-Reach / 100Base-T (Bussystem)	

Abbildung 2.4: DoIP im vereinfachten OSI-Schichtenmodell mit Ethernet als physikalische Datenschicht nach [14]

Oberhalb vom OSI-Schichtenmodell existieren zusätzlich noch einige Normvorschläge für die Diagnoseanwendungen, welche von großer Bedeutung sind. Abbildung 2.5 zeigt tabellarisch eine Übersicht einiger EU-Standards für Diagnoseanwendungen im Fahrzeug.

Hervorzuheben in Abbildung 2.5 ist das ASAM-Konsortium (Association for Standardisation of Automation and Measuring Systems). Dieser Zusammenschluss aus Fahrzeugherstellern und Zulieferern beschäftigt sich hauptsächlich mit den Themen Diagnose und Applikationen im Automotive Umfeld. Die Standards ASAM AE MCD 3D & 2D für Laufzeitsysteme und Datenbasen prägen derzeit in aktuellen Applikationen das Umfeld der Diagnose und der Messsysteme.

Zusätzlich verfolgt der Standard OTX (Open Test Sequence Exchange) das Ziel, Diagnoseabläufe über die gesamte Wertschöpfungskette im Kontext Spezifizierung, Test und Ausführung zu vereinfachen.

Standard	Anwendung	EU-Standard
OSEK/VXD	Betriebssystem Kommunkation Netzwerkmanagement	ISO 17356-3 OSEK OS ISO 17356-3 OSEK COM ISO 17356-3 OSEK NM
ASAM AE MCD 3D	Laufzeitsystem	ISO/DIS 22900-3 MVCI Server API, Diagnoselaufzeitsystem
ASAM AE MCD 2D	Datenbank	ISO/DIS 22901-1 Open Diagnostic data eXchange Format (ODX)
D-PDU API	Hardware Abstraction Layer	ISO/DIS 22900-2 MVCI D-PDU API, API für Zugriff auf Hardware (VCI)
OTX	Prüfabläufe	ISO/CD 13209-1 bis 3 Open Test sequence eXchange (OTX)
HIS	Flashen, Hardwaretreiber	Hersteller Initiative Software (HIS) Softwaremodule für Steuergeräte
AUTOSAR	ECU-Software- architektur	Softwarearchitektur zukünftiger Steuergeräte

Abbildung 2.5: Standards für On- und Off-Board Diagnoseapplikationen nach [9]

Das Kapitel 2.2 beschreibt im Detail die Ziele und Umfänge der Standards des ASAM-Konsortiums.

Die Vielfalt an Bussystemen in Kombination mit verschiedenen Protokollen ist in der Fahrzeugentwicklung schwer zu beherrschen. Hinzu kommt das ausgeprägte Kostenbewusstsein der Automobilbranche, welches sich mehr auf Stückkosten als auf Entwicklungsaufwand bzw. Pflege und Betrieb von neuen Technologien konzentriert. Das Bussystem LIN ist ein klassisches Beispiel für eine technologische Lösung, welche technisch ebenso über das ältere Bussystem CAN umgesetzt werden kann, jedoch einen leicht geringeren Stückpreis besitzt und daher an Stelle von CAN eingesetzt wird. Verstärkt wird die Situation durch den Drang nach immer kürzeren Entwicklungszeiten und breiteren Modellpaletten. Unternehmen sind gezwungen Teilsysteme über mehrere Modellbaureihen und Fahrzeuggenerationen beizubehalten. Dadurch wird verhindert, dass Neuentwicklungen ältere Systeme komplett ablösen oder ersetzen können. Die ersten Motorsteuergeräte besaßen K-Line als Diagnoseschnittstelle, später kam eine und dann mehrere CAN-Busse dazu, ohne dass K-Line abgeschafft wurde. Heutzutage haben Motorsteuergeräte weitere Interfaces wie FlexRay, LIN und Ethernet. Jedes neue Konzept steigert die Komplexität im Fahrzeug, statt diese zu reduzieren, bzw. zu vereinfachen. Natürlich geht die Automobilindustrie aktiv gegen diese Herausforderungen vor. Es werden Elektrik/Elektronik-(E/E)-Architekturen gezielter konzipiert und analysiert. AUTOSAR (Automotive Open System Architecture) als neue ECU-Software-Architektur zur hierarchischen Strukturierung, Kapselung und stärkeren Automatisierung wurde etabliert. Mit Ethernet wird versucht langfristig alle Bussysteme zu ersetzten und so eine Bereinigung der Fahrzeugtopologien zu schaffen.

2.1.3 MVCI - Modular Vehicle Communication Interface

Die ASAM-MCD-Arbeitsgruppen (Measurement, Calibration, Diagnostic) entwickeln seit 1998 Standards für Datenmodelle und APIs (Application Programmers Interfaces) für Messsysteme. Die Grundidee der Arbeitsgruppen von ASAM ist es standardisierte Datenformate und ein Laufzeitsystem für die Implementierung eines Applikations- und Diagnosesystems zu entwerfen. Die Modelle und APIs (Application Programming Interfaces) sind teilweise in der ISO 22900 (MVCI – Modular Vehicle Communication Interface) unter dem Namen MVCI-Server veröffentlicht. Der Standard definiert im Kern drei funktionale Blöcke, Block M für Messaufgaben, Block C für Kalibrieraufgaben und Block D für Diagnoseaufgaben (ASAM MCD). Für die weitere Betrachtung wird immer von einem MVCI-Server bestehend aus einem D-Block ausgegangen. Dieser funktionale Kern wird auch als ASAM MCD 3D-Server, D-Server oder ODX-Kernel bezeichnet. Aus Softwaresicht stellt der MVCI-Server eine Art Middleware für die Diagnose dar [15].

Abbildung 2.6 zeigt das resultierende Software-Architekturmodell nach ISO 22900-3 am Beispiel für das diagnostische Auslesen der Motordrehzahl (Schritte 1 bis 4). Die standardisierte Applikationsschnittstelle D-Server API stellt Test- und Diagnoseanwendungen Objekte und Methoden zur Verfügung, welche den Zugriff auf MVCI-Funktionalitäten ermöglichen (siehe Schritt 1) [16]. Der Data-Processor im MVCI-Laufzeitsystem greift über die ODX-Schnittstelle (ISO 22900-1, ASAM MCD 2) auf die fahrzeug- und steuergerätspezifischen Diagnose-Daten zu. Der Standard ODX (Open Diagnostic Data Exchange) wird in dem nachfolgenden Unterkapitel 2.2.2 ausführlich beschrieben.

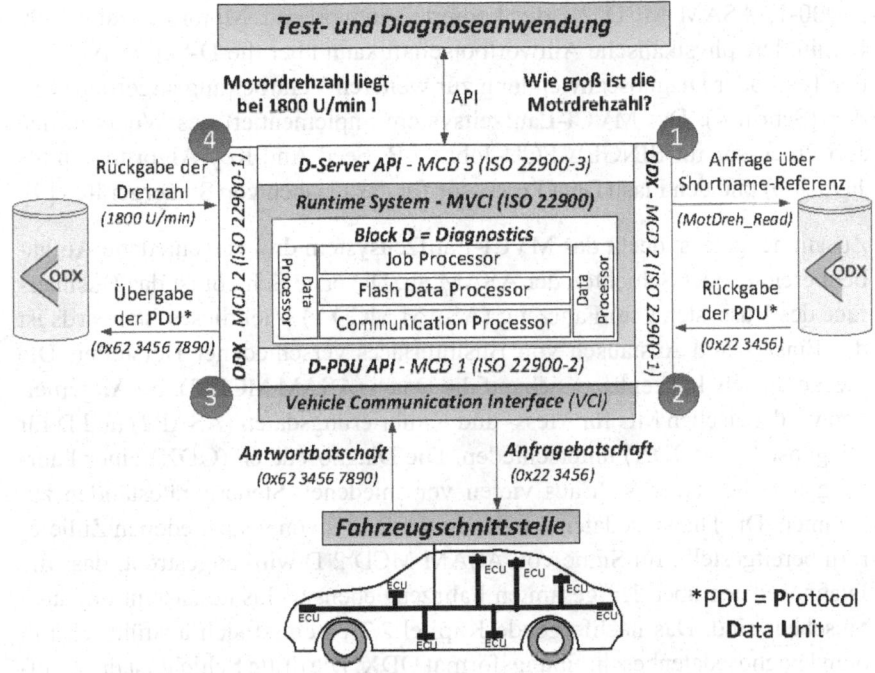

Abbildung 2.6: Standardisiertes Diagnoselaufzeitsystem nach ISO [16]

Im obigen Beispiel gibt die ODX-Datenbasis dem MVCI-Laufzeitsystem die Anfragebotschaft für die Motordrehzahl in Form einer PDU (Protocol Data Unit) zurück. Der Communicationprocessor sendet über die Programmierschnittstelle D-PDU API die Anfragebotschaft an das VCI (Vehicle Communications Interface) nach [17] [18] raus (Schritt 2). Die D-PDU API ist für die Buskonfiguration und das Verpacken der PDU in eine Botschaft verantwortlich. Das VCI stellt eine Hardware dar, welche das MVCI-Laufzeitsystem mit dem Fahrzeugbus über eine Fahrzeugschnittstelle (OBD-Stecker oder direkter Zugriff Fahrzeugbus) verbindet und physikalisch die Botschaft versendet (Anfragebotschaft, 0x22 3456). Im besten Fall antwortet das Zielsteuergerät im Fahrzeug mit einer positiven Antwort (0x62 3456 7890) dem VCI (Schritt 3). Das VCI entpackt die PDU aus der Antwortbotschaft und gibt diese über D-PDU API an den Communicationprocessor weiter. Typischerweise wird die Motordrehzahl als steuergerätspezifischer kodierter Hexadezimalwert zurückgegeben. Um die Antwort für Benutzer des Laufzeitsystems lesbar zu machen, interpretiert der Data-Processor, über die ODX-Programmierschnittstelle (ISO

22900-1, ASAM MCD 2), die kodierte Antwort zur Motordrehzahl 1800 U/min. Die physikalische Antwortbotschaft kann über die D-Server API von der Test- oder Diagnoseanwendung zur weiteren Verarbeitung angefragt werden (Schritt 4). Das MVCI-Laufzeitsystem implementiert des Weiteren den Job Processor für SINGEL-ECU-Jobs (z.B. Seed-And-Key-Algorithmen als Java-Job) und den Flash Data Processor für das Flashen von Steuergeräten [9].

Zusammengefasst deckt das MVCI-Laufzeitsystem drei verschiedene Aufgabenbereiche oder Schichten der ASAM ab. Die erste Schicht ist das Businterface des Bussystems im Fahrzeug (ASAM MCD 1). Ziel dieses Standards ist der Einsatz und Austausch von Businterfaces verschiedener Hersteller. Die zweite Schicht konzentriert sich auf die Daten (ASAM MCD 2). Im Allgemeinen wird zwischen MC für Mess- und Kalibrierungsdaten (ASAP2) und D für Diagnosedaten (ODX) unterschieden. Die Diagnosedaten (ODX) einer Fahrzeugbaureihe setzen sich aus vielen verschiedenen Steuergeräteständen zusammen. Die Diagnosedaten werden in der Praxis von verschiedenen Zulieferern bereitgestellt. Im Sinne von ASAM MCD 2 D wird angestrebt, dass die Diagnosedaten über den gesamten Fahrzeuglebenszyklus konsistent und austauschbar sind. Das nachfolgende Kapitel 2.2.1 befasst sich ausführlich mit dem Diagnosedatenbeschreibungsformat ODX. Die dritte Schicht ist das Laufzeitsystem. Dieses stellt alle Prozesse und Algorithmen für das Versenden, Empfangen und Umrechnen von Diagnosebotschaften dar. Die zugehörigen Programmierschnittstellen (APIs) ermöglichen einen Zugriff auf Datenbanken und Laufzeitfunktionen [7].

Abbildung 2.7 veranschaulicht die Klassenstruktur des MCD-Laufzeitsystems aus API-Sicht aufgeteilt in Datenobjekte und Laufzeitobjekte. Datenobjekte sind Klassen, die ODX-Daten kapseln. Laufzeitobjekte umfassen Methoden und Aktivitäten, die mit diesen ODX-Daten bestimmte Funktionen ausführen. Zur Laufzeit verbindet eine „LogicalLinkTable" die Laufzeitobjekte mit den Datenobjekten.

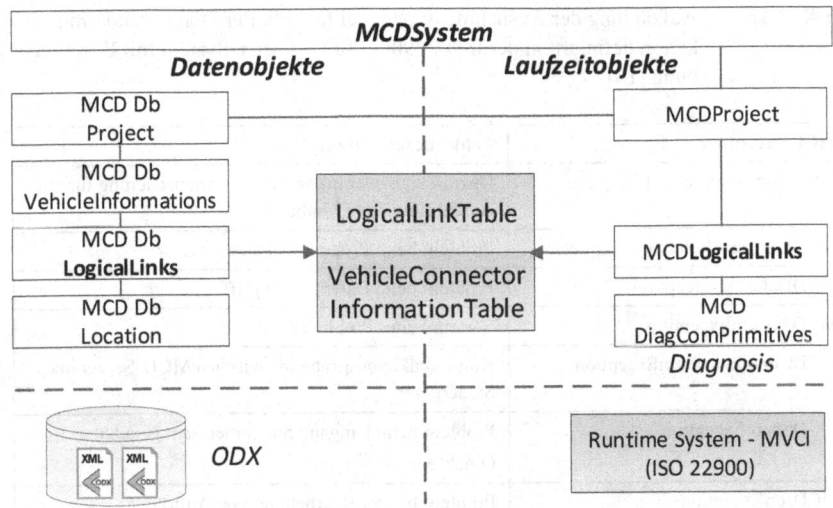

Abbildung 2.7:   Grundstruktur eines MCD-Diagnosesystems nach ISO 22900 aufgeteilt in Datenobjekte und Laufzeitobjekte [19]

Abbildung 2.7 zeigt auf der rechten Seite das Laufzeitobjekt „MCDDiagCom-Primitives". Diese Objekte kapseln Diagnosedienst und Diagnoseabläufe (Diagnosis). Die Teile Block C und Block M des MCDSystems werden für diese Ausarbeitung nicht weiter betrachtet.

Beim Nutzen der drei APIs (MCD 1/2/3) können Laufzeitfehler auftreten, diese werden über definierte **Error Codes (MCDErrors)** vom Laufzeitsystem abgefangen und über die API an den Client zurückgegeben. Schlägt z.B. der Zugriff eines Laufzeitobjekts auf ein Datenobjekt fehl, wird das definierte Ausnahmeobjekt „MCDResult" vom Typ „MCDDatabaseException" hinterlegt. Tabelle 2.1 zeigt die Ausnahmetypen mit Fehlerbeschreibung.

ISO 22900-3 definiert zwei Arten, wie Fehlerobjekte zurückgegeben werden können. Im Falle einer nicht kritischen fehlerhaften synchronen Diagnose (abhängig vom Methodenaufruf) wird ein Objekt, in Form eines **MCDResults,** als Rückgabewert zusätzlich übergeben.

Hingegen im Falle einer asynchronen Diagnose (unabhängig vom Methodenaufruf) wird dieses Objekt über ein Event (z.B. onPrimitiveError) an den Client über die API übergeben.

Tabelle 2.1:   Aufzählung der Ausnahmentypen, bei fehlerhafter Diagnosekommunikation definiert, in der ISO 22900-3 für das MCDSystem mit Beschreibung [16]

MCDException	Fehlerbeschreibung
MCDParameterizationException	Unzulässige oder inkonsistente Parametrierung für Ausführung einer Methode
MCDProgramViolationException	Problem beim Programmablauf
MCDDatabaseException	Problem beim Datenbankzugriff
MCDSystemException	Systemweites Problem
MCDCommunicationException	Kommunikationsproblem zwischen MCD-Server und Steuergerät
MCDShareException	Problem beim Umgang mit gemeinsam genutzten Objekten
MCDJobException	Problem bei der Bearbeitung von Aufträgen

Falls kein Fehler aufgetreten ist, wird innerhalb des MCDResults der Error-Code 0000 (eNO_ERROR) zurückgegeben [16].

2.1.4   Erweitertes V-Modell im Diagnoseumfeld

Um die Komplexität von Software- und Hardwaresystemen und deren Entwicklung beherrschbar zu machen und übersichtlich zu gestalten, bedarf es sogenannter Vorgehensmodelle aus der Softwaretechnik. Ein Entwicklungsprojekt, welches nach einem Vorgehensmodell aufgebaut ist, beschäftigt sich im Großen und Ganzen mit folgenden Schritten: Spezifikation, Entwurf, Implementierung, Modultest, Integrationstest und Systemtest.

Das Vorgehensmodell beschreibt die Art und Weise, wie die unterschiedlichen Arbeitsschritte in der Entwicklung zeitlich angeordnet werden, und deren Beziehung zueinander. Es wird angestrebt einheitliche Vorgehensmodelle für Software- und Hardware-Anteile im Projekt einzusetzen. Ist dies nicht möglich, so werden diese Modelle definiert angepasst. Diese Anpassung wird als „Tailoring" bezeichnet [20]. Es existieren allein im Umfeld der Fahrzeugentwicklung verschiedenste Vorgehensmodelle. Es folgt eine Auflistung relevanter Modelle:

- Wasserfallmodell/Sashimi-Modell

- V-Modell/V-Modell XT

- Nebenläufiges Modell

- Agile Modelle

Eine detaillierte Auflistung und Beschreibung der Modelle sind im Buch „Elektronik in der Fahrzeugtechnik" von Kai Borgeest zu finden [20]. Zusätzlich ist es möglich einzelne Aspekte von verschiedenen Modellen zu kombinieren. Im Folgenden wird der Kernprozess zur Entwicklung von elektronischen Systemen und Software vorgestellt. Abbildung 2.8 zeigt ein V-Modell mit horizontaler Trennung in der Systementwicklung mit der technischen Architektur (oben) und Softwareentwicklung (unten).

Im ersten Schritt definiert das V-Modell die Analyse der Benutzeranforderungen. Ziel dieses Prozessschrittes ist es, die logische Systemarchitektur eines gesamten Fahrzeuges oder seiner Subsysteme zu definieren. Im zweiten Schritt wird auf Basis der logischen Architektur die technische Systemarchitektur spezifiziert. Die technische Architektur legt zum Beispiel fest, welche Funktionen oder Teilfunktionen umgesetzt werden sollen. Nach der Analyse und Spezifikation des Systems wird der Bereich der Softwareentwicklung im unteren Bereich des V-Modells durchlaufen.

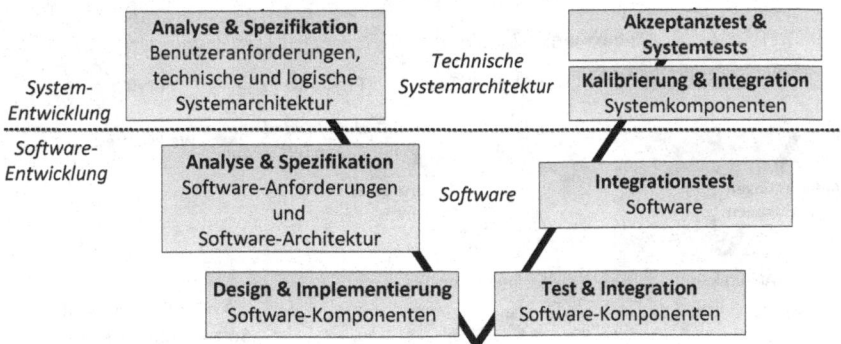

Abbildung 2.8: Überblick des Kernprozesses zur Entwicklung von elektronischen Systemen und Software in Anlehnung an [7]

In diesem Bereich werden die Grenzen der Schnittstellen, Software-Komponenten, Software-Schichten und Betriebszustände als „ideale Welt" spezifiziert.

Alle für die Implementierung relevanten Details werden im nächsten Schritt „Design" festgelegt. Nach der Umsetzung werden diese Entwurfsentscheidungen auf Komponentenebene integriert und getestet. Auf Integrationstests der Softwarekomponenten folgt die Integration auf Systemebene. Die Software und die Hardware werden zusammengeführt (Steuergeräte), um ein funktionsfähiges Gesamtsystem zu erhalten. Diese Steuergeräte werden im nächsten Schritt auf Systemebene mit elektronischen Komponenten Sensoren und Aktuatoren integriert. Als letzter Schritt der Integration steht die Kalibrierung. Kennlinien, Kennwerte und Kennfelder werden in der Software parametriert bzw. eingestellt. Schließlich werden ein Systemtest und ein Akzeptanztest der Benutzeranforderungen durchgeführt. Das vorgestellte V-Modell für eine Steuergeräteentwicklung umfasst ganzheitlich die Software- und Hardwarekomponenten [7]. Im Bereich der **Diagnose** verändert sich das bekannte V-Modell zum **erweiterten V-Modell**. Abbildung 2.9 stellt schematisch das erweiterte Vorgehensmodell für die Diagnose dar. Der linke Ast stellt die Spezifikation dar, hier werden von oben nach unten immer feiner die Anforderungen bis auf Implementierungsebene spezifiziert. Grundlage des V-Modells ist der Vorgang der Implementierung auf Basis der Anforderungen. Der rechte Ast von unten nach oben stellt die Integration und den Test dar.

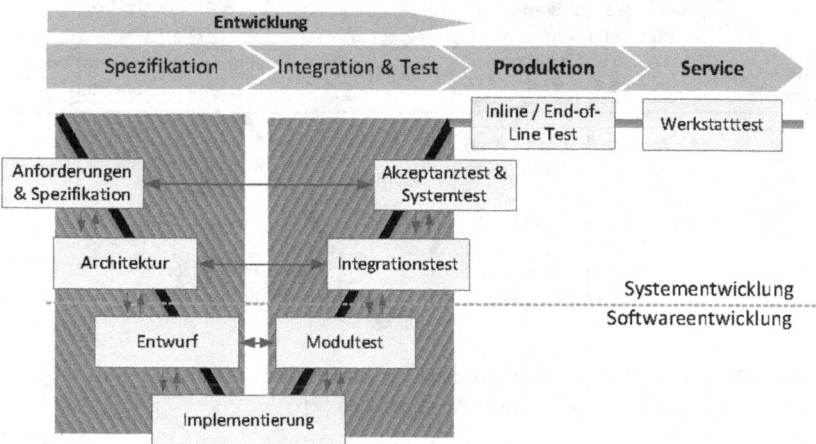

Abbildung 2.9: Vorgehensmodell am Beispiel erweitertes V-Modell für die Steuergeräteentwicklung

Im Gegensatz zu dem regulären V-Modell endet in der Diagnose die Entwicklung nicht mit der Freigabe nach den System- und Akzeptanztests. Das V-Modell erstreckt sich über die Produktion und den Service. Diese Ausarbeitung setzt am rechten Aufwärtsast des erweiterten V-Modells an und geht bis zum Service (Aftersales), beziehungsweise „End-Of-Life" des Produkts.

2.2 Standardisierung der Off-Board-Diagnose

Wie in Kapitel 2.1 dargelegt, umfasst die allgemeine Fahrzeugdiagnose komplexe Kombinationen aus Hardware- und Softwarekomponenten. Diese diagnostischen Systeme werden zunehmend standardisiert. Standardisierung bedeutet im Wortsinn die Vereinheitlichung von Strukturen, Verfahrensweisen, Typen und Maßen [21]. Ziel in der Diagnose ist die Schaffung eines modularen Software- und Hardwaresystems. Standardisierung wird durch gesetzliche Anforderungen, z.B. das OBD-System (1988, California Air Resources Board - CARB) und in der Industrie initiiert. In der Industrie sind die Bestrebungen durch Standards und Normen Kosten zu sparen und die Qualität von Software- und Hardwarekomponenten zu erhöhen. Im Bereich der Diagnose veröffentlichen die folgenden Organisationen Standards und Normen:

- International Organization for Standardization (ISO)
- Society of Automotive Engineers (SAE)
- Association for Standardization of Automotive and Measuring Systems (ASAM)
- Automotive Open System Architecture (AUTOSAR)

Das nachfolgende Unterkapitel beschreibt das Software-Architekturmodell, welches auf Grundlage von herstellerspezifischen Diagnosesystemen von ASAM und ISO entwickelt wurde. Hierbei wird spezifisch der Fokus auf den diagnostischen Systemanteil gesetzt.

2.2.1 ODX – Austausch- und Beschreibungsformat für Diagnosedaten

Die Abkürzung **ODX** steht für „**O**pen **D**iagnostic Data E**x**change" und ist eine formale Beschreibungssprache für die Steuergerätediagnose in Fahrzeugen. Unter dem Namen „ASAM MCD 2D Basic" von ASAM herausgegeben, hat sich die Bezeichnung ODX eingebürgert. ODX spezifiziert in der internationalen standardisierten Norm ISO 22901–1 ein Datenmodell für die Haltung bzw. den Austausch aller Daten, die für die Diagnose eines Steuergerätes relevant sind [22] [23]. Dieser Diagnosedatenstandard wurde mit dem Hauptziel entwickelt den Datenaustausch zwischen Automobil-, Steuergeräte-, und Softwaretoolhersteller zu vereinheitlichen. ODX verwendet für die Beschreibung der Diagnosedaten **XML** (Extensible Markup Language) ein vom W3C (World Wide Web Consortium) standardisiertes Format für hierarchische strukturierte Informationen [22]. XML ist sowohl von Menschen auch als von Maschinen lesbar und ermöglicht einen plattform- und implementierungsunabhängigen Austausch von Daten zwischen Computersystemen [24]. Neben den Diagnosedaten, die den größten Teil einnehmen, spezifiziert ODX auch hardwareseitige Kommunikationsparameter, Flashdaten und Daten vernetzter Anwendungen zwischen mehreren Steuergeräten im System.

2.2.1.1   Grundlegendes Datenmodell

Mehrere ODX-Dokumente sind einem Steuergerät über einen Dateien-Container mit der Bezeichnung „PDX – Packed Diagnostic Data Exchange" eindeutig zugewiesen. Die austauschbaren Daten sind verlustfrei als ZIP-Archiv komprimiert und können nach ISO die folgenden Datentypen halten [22].

- odx-c, odx-cs (COMPARAM-SPEC, COMPARAM-SUBSET)
- odx-d   (DIAG-LAYER-CONTAINER)
- odx-e   (ECU-CONFIG)
- odx-f   (FLASH)
- odx-fd   (FUNCTION-DICITONARY)
- odx-m   (MULTIPLE-ECU-JOB-SPEC)
- odx-v   (VEHICLE-INFORMATION-SPEC)
- jar   (Java Jobs / Source)

Es ist möglich weitere Datenformate (z.B. *.dll, *.jpg, *.xml) in der PDX-Datei zu halten. Die Inhalte der PDX werden über ein separat verwaltetes XML-Dokument (index.xml) als strukturierte Meta-Daten im Prozess ausgetauscht. Ausschließlich Dateien, welche im XML-Dokument referenziert sind, können im PDX gehalten werden. Ein zusätzlicher Verweis auf externe Dateien ist nicht möglich.

Abbildung 2.10 zeigt das nach ISO 22901-1 spezifizierte allgemeine ODX-Datenmodell.

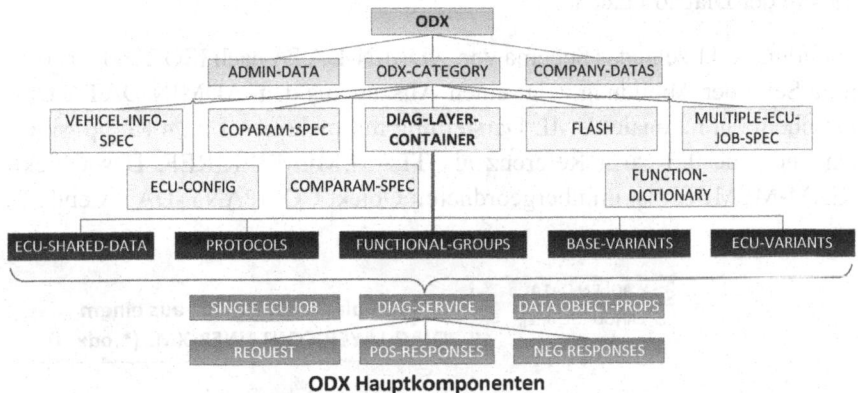

ODX Hauptkomponenten

Abbildung 2.10: UML-Darstellung des ODX-Datenmodells auf Top-Level [9]

Die Datenstruktur ist in acht Kategorien mit unterschiedlichen Aufgabenge-bieten unterteilt. Jede Kategorie ist separat als eigenständiges ODX-Dokument im PDX vorhanden (siehe Auflistung oben).

VEHICLE-INFO-SPEC, COMPARAM-SPEC und COMPARAM-SUBSET beschreiben die Kommunikationsparameter und die Netzwerk-Topologie des Fahrzeugs, z.B. das verwendete Kommunikationsprotokoll oder relevante Bussysteme und Gateways. FLASH, ECU-CONFIG-SPEC und FUNCTION-DICTIONARY umfassen spezielle Aufgabenbereiche. Aufgabenbereiche sind die Ablage von ECU-MEM-Objekten zur Programmierung von Steuergeräten, Informationen zur Steuergerätekonfiguration oder Informationen zur funkti-onsorientierten Diagnose.

MULTIPLE-ECU-JOB-SPEC und DIAG-LAYER-CONTAINER beschrei-ben hierarchisch die Diagnosestruktur, Diagnosedienste und Abläufe [9]. Ab-bildung 2.10 zeigt im unteren Teil die Hauptkomponenten des DLC (DIAG-LAYER-CONTAINER). Im Sinne der Redundanzreduzierung und indirekter Datenzugriffe können ODX-Dokumente auf andere ODX-Dokumente refe-renzieren (Single-Source-Prinzip). Während der Projektlaufzeit, besonders in der Fahrzeugentwicklung, unterliegen ODX-Dokumente häufigen Änderungen durch unterschiedliche Personen, beziehungsweise Unternehmen. COM-PANY-DATA und ADMIN-DATA ermöglichen die Ablage der Änderungshistorie der Diagnosedaten.

Abbildung 2.11 zeigt das Schema von ADMIN-DATA nach ISO 22901-1. Die linke Seite der Abbildung zeigt einen Auszug aus dem ADMIN-DATA Objektschema in rationaler UML Darstellung mit mehreren 1 zu n Kompositionen und eine 0..1 zu n Referenz als TEAM-MEMBER-REF. Das Objekt TEAM-MEMBER ist im übergeordneten Objekt COMPANY-DATA enthalten.

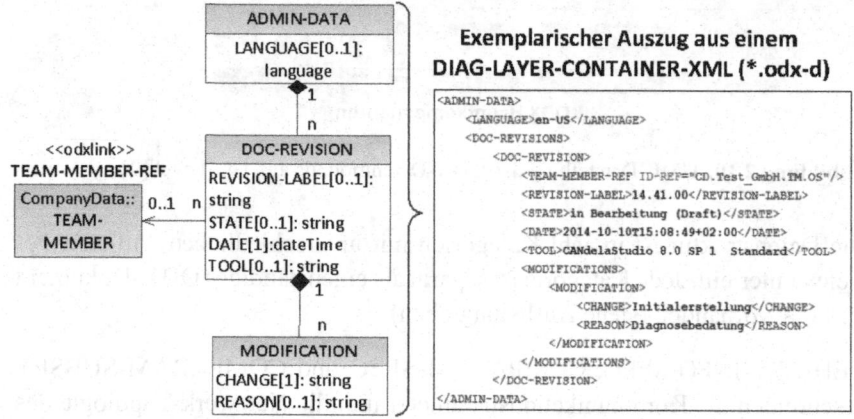

Abbildung 2.11: Auszug aus dem ADMIN-DATA ODX-Objekt in UML-Darstellung und äquivalent dazu in XML-Format

Die Abbildung 2.11 veranschaulicht auf der rechten Seite einen exemplarischen Auszug aus einer DIAG-LAYER-CONTAINER-XML für ein ADMIN-DATA-Objekt mit fiktiven Einträgen.

Die mit Abstand datenintensivste Diagnosekategorie ist der DLC. Dieser beschreibt hierarchisch den diagnostischen Datensatz eines Steuergerätetyps und dessen Varianten.

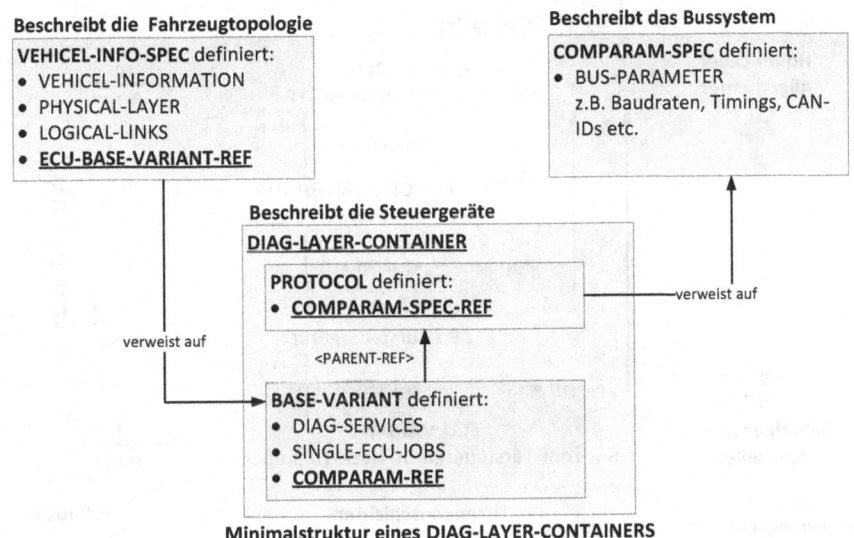

Minimalstruktur eines DIAG-LAYER-CONTAINERS

Abbildung 2.12: Minimalstruktur eines DIAG-LAYER-CONTAINERS (DLC)

Abbildung 2.12 zeigt den einfachsten Fall einer ODX-Beschreibung, bestehend aus VEHICEL-INFO-SPEC zur Beschreibung der Fahrzeugtopologie, welcher auf den DLC verweist. Der DLC definiert im einfachen Fall die BASE-VARIANT mit einer Referenz der Kommunikationsparameter (COM-PARAM-SPEC-REF) auf die Spezifizierung von Bus-Parametern, Timings und CAN-Identifier. Das COMPARAM-SPEC beschreibt insgesamt das Bussystem, über das kommuniziert wird. Die Abbildung 2.12 enthält im DLC eine Basis-Variante, d.h. es existiert nur eine Ausprägung von Diagnosedaten, die ein Steuergerät beschreibt. In der Praxis werden bei gleichen Steuergerätetypen verschiedene Varianten in der Funktionalität benötigt. Ein Beispiel für die Notwendigkeit von unterschiedlichen Ausprägungen ist ein Tachometer-Steuergerät, das für Europa die Geschwindigkeit in km/h und für die USA in mph anzeigt, d.h. die Rohdaten vom CAN sind je nach Variante anders zu interpretieren.

Verpflichtend für einen DLC ist nach ISO 22901-1 lediglich die BASE-VARIANT. Abbildung 2.13 veranschaulicht einen exemplarischen DLC eines Türsteuergerätes als Diagnose-Schichten-Modell.

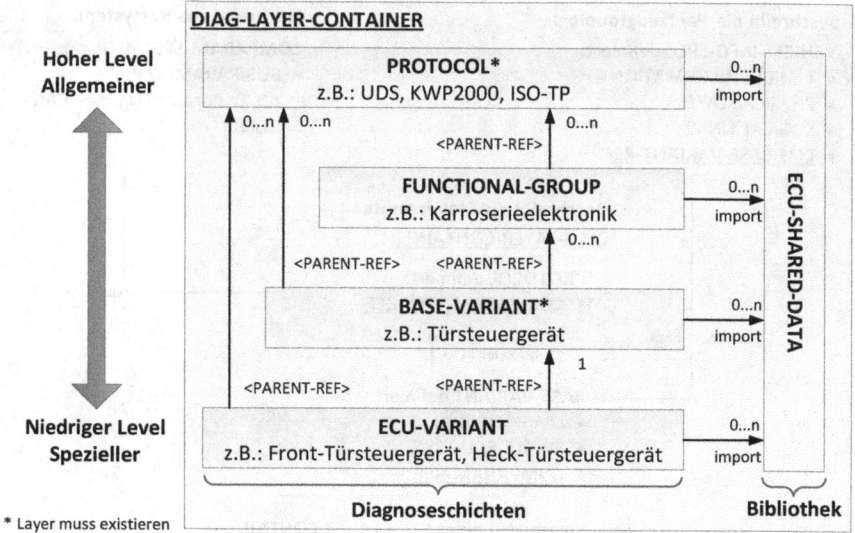

Abbildung 2.13: Hierarchische Beschreibung eines Türsteuergerätes als DIAG-LAYER-CONTAINER

Das identische Türsteuergerät ist im Front- sowie Heckbereich des Fahrzeugs verbaut. Diese Beschreibungshierarchie erlaubt eine Vererbung von Daten. Ein Diagnosedienst in der untersten Schicht (Kind-Schicht) wird durch seine eigenen Daten und den Daten aller darüberlegenden Schichten (Eltern-Schicht) vollständig definiert. Auf XML-Ebene wird diese Vererbung als PA-RENT-REF-Element ausgedrückt. Folglich werden von oben nach unten die Daten spezieller und von unten nach oben allgemeiner.

Die oberste Schicht in der Abbildung 2.13 stellt den PROTOCOL-LAYER dar. Der PROTOCOL-LAYER spezifiziert diagnoseprotokoll-relevante Daten und Dienste (z.B. UDS oder KWP2000 aus Kapitel 2.1.2) und verweist auf die COMPARAM-SPEC des Bussystems aus Abbildung 2.12. Der ECU-VARI-ANT-LAYER erbt vom PROTOCOL- und BASE-VARIANT-LAYER und enthält selbst spezifische Ausprägungen einzelner Diagnosedienste, wie z.B. Service- und Parameter-Identifier. Über dem BASE-VARIANT-LAYER befindet sich der FUNCTIONAL-GROUP-LAYER, welcher die Diagnosedaten in Funktionsgruppen zusammenfassen kann. Abbildung 2.13 zeigt exemplarisch die Funktionsgruppe Karosserieelektronik, weitere Gruppierungen von Flash-Diensten oder Werkstatt-Diensten sind denkbar.

2.2.1.2 Vererbung mit Referenzen

Für die Referenzen innerhalb des ODX-Standards werden zwei Varianten spezifiziert, **ODX-LINK** (ID-REF) und **SHORT-NAME-REF** (SN-REF). Das PARENT-REF-Element aus Abbildung 2.13 ist vom Typ ID-REF. Das ID-REF-Konzept sieht vor, dass ODX-Elemente eine eindeutige ID besitzen. So referenziert das PARENT-REF-Element auf eine eindeutige ID eines ODX-Elements. In der Abbildung 2.13 besitzt die Schicht ECU-Variant eine ID-REF auf die Schicht BASE-VARIANT. Die zweite Möglichkeit ist der SN-REF, d.h. es wird über den SHORT-NAME auf ein anderes Objekt verwiesen.

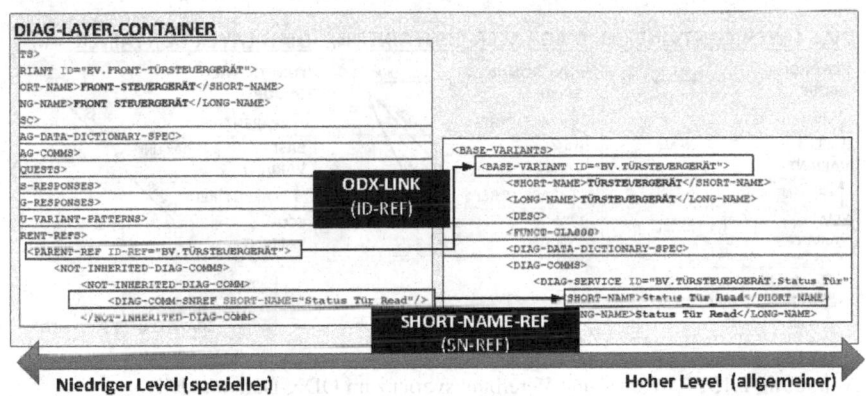

Abbildung 2.14: Referenzmöglichkeiten im ODX-Standard im DIAG-LAYER-CONTAINER-XML mit ODX-LINK (ID-REF) und SHORT-NAME-REF (SN-REF)

Abbildung 2.14 zeigt exemplarisch die beiden Referenzmöglichkeiten SN-REF und ID-REF für das DIAG-LAYER-CONTAINER-XML eines Türsteuergerätes. Die Shortname-Referenz verweist auf den Inhalt des XML-Elements SHORT-NAME. Im Gegensatz dazu verweist die ID-Referenz auf das Attribut eines beliebigen XML-Elements.

Abbildung 2.13 zeigt, dass die Schichten zueinander in einer bestimmten Vererbungshierarchie stehen, welche mit PARENT-REF-Elementen (ODX-LINK) auf XML-Ebene realisiert wird. Die **Vererbung (INHERITENCE)** oder auch Generalisierung genannt, ist ein grundlegendes Konzept der objektorientierten Softwareentwicklung.

Dieses Konzept enthält zwei prinzipielle Aspekte. Der klassifizierende Aspekt dient der Dokumentation von Ähnlichkeiten zwischen Elementen, der konstruktive Aspekt der Konstruktion von neuen Elementen auf bestehenden Elementen [25]. Im Kontext ODX spielt das Konzept der Vererbung eine entscheidende Rolle für die Sichtbarkeit der Diagnoseelemente (z.B. Steuergerätevarianten, Diagnosedienste, Parameter, etc.). Zusätzlich zur Vererbung definiert der ODX-Standard das Konzept der **Enterbung (NOT-IN-HERITED)** und **Überschreibung (OVERWRITING)**. Für die Wiederverwendung von Daten sind die genannten Konzepte sehr leistungsfähig, allerdings auch komplex und fehleranfällig.

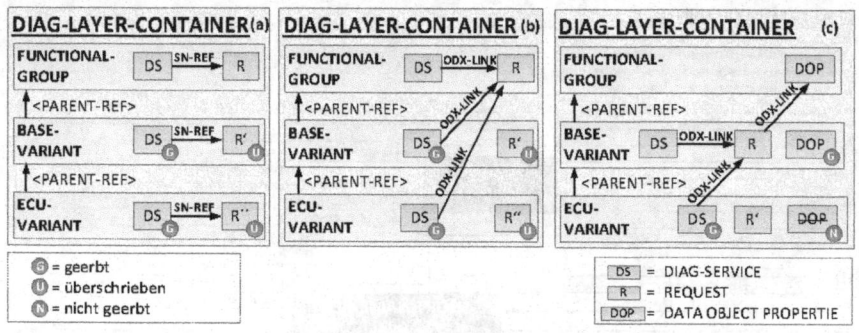

Abbildung 2.15: Referenz- und Vererbungsvarianz im ODX-Datenmodell

Abbildung 2.15 veranschaulicht drei Kombinationsmöglichkeiten von Referenz- und Vererbungskonzepten und die daraus resultierenden möglichen Herausforderungen für die Diagnose. Die Darstellung ist angelehnt an Abbildung 2.13 als Schichtenmodell (die unteren Schichten erben immer von der darüberliegenden Schicht). Angenommen, wir befinden uns in der ECU-VARIANT-Schicht und betrachten die Sichtbarkeit und die Existenz der Elemente DIAG-SERVICE und RESPONSE zur Laufzeit der Diagnoseausführung. So ist im DLC (a), links im Bild, der geerbte DIAG-SERVICE von BASE-VARIANT bzw. FUNCTIONAL-GROUP und die überschriebene RESPONSE sichtbar und existent. Bei SN-REFs wird, wie bereits im Vorfeld erläutert, auf SHORT-NAMEs verwiesen. Das Überschreiben von Elementen wird im ODX-Modell ausschließlich durch gleiche SHORT-NAMEs in der Vater- und Kind-Schicht abgebildet.

Im Vergleich zum DLC (b), der als Referenz eindeutige ODX-LINKS verwendet, ist die Sichtbarkeit der Elemente äquivalent. Die existierenden Elemente werden jedoch, um das Element RESPONSE aus der FUNCTIONAL-GROUP-Schicht, erweitert. Grund hierfür ist das der geerbte DIAG-SERVICE, welcher ursprünglich aus der FUNCTIONAL-GROUP vererbt wurde, einen ODX-LINK (ID-REF) auf einen RESPONSE besitzt, der immer mitvererbt wird. Folglich entsteht aus Diagnosesicht der erste Konflikt zur Laufzeit, da für einen geerbten DIAG-SERVICE zwei RESPONSEs existieren. Wird nun zusätzlich zu den zwei Referenzarten, der Vererbung und der Überschreibung, die Enterbung bzw. Nichtvererbung hinzugefügt (siehe DLC (c)), steigt die Komplexität zur Laufzeit stark. In der Literatur gibt es bereits Anstrengungen diese Komplexität des Variantenmanagements zu behandeln [26]. Abbildung 2.16 zeigt exemplarisch für das Türsteuergerät die Sichtbarkeit von fiktiven Diagnosediensten im Schichtenmodell.

Um die Komplexität zu verringern, werden die Referenztypen (ID-REF und SN-REF) hierbei vernachlässigt. Das Türsteuergerät besitzt zwei Varianten: Heck-Türsteuergerät und Front-Türsteuergerät. Diese zwei Varianten besitzen wiederum jeweils zwei Ausprägungen V1 und V2. Von oben nach unten werden die Services vererbt, nicht vererbt und überschrieben. Für den D-Server (Kapitel 2.1.3) existieren somit zur Laufzeit insgesamt sechs Diagnosedatenvarianten (zwei Basis- und vier ECU-Varianten). Alle Varianten besitzen zur Laufzeit die gleiche physikalische Adresse (PHYSICAL-VEHICLE-LINK), sodass immer nur eine Variante aktiv sein kann. Im direkten Vergleich zur Laufzeit von Front-Türsteuergerät V1 und V2, besitzt V1 vier geerbte und drei eigendefinierte Diagnosedienste, wohingegen V2 nur einen Dienst erbt, einen nicht vererbt, zwei geerbte überschreibt und drei eigene definiert.

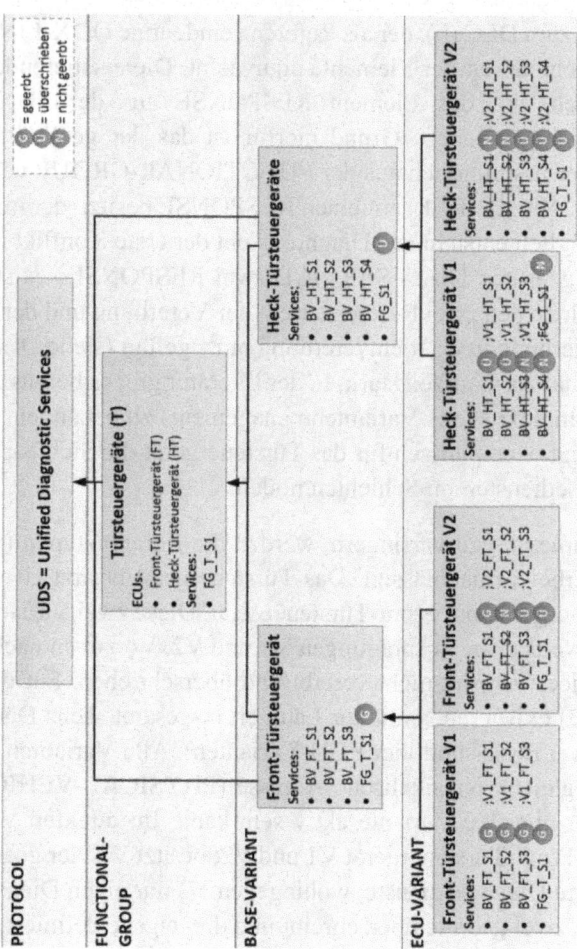

Abbildung 2.16: Vererbungs-Hierarchie der Diagnosedienste für das Türsteuergerät PDX

Zusammengefasst haben die beiden Varianten, welche von derselben Basis erben, lediglich einen Diagnosedienst gemeinsam. Völlig verschiedene Diagnosen können innerhalb einer ODX (ein Steuergerät) mit diesem Konzept dargestellt werden.

2.2.1.3 Datentypen und Umrechnungsmethoden

Im Folgenden wird der Fokus auf die wichtigsten Datentypen und Umrechnungsmethoden im ODX-Datenmodell gelegt. Für eine detaillierte Ausführung wird auf die ISO 22901-1 verwiesen.

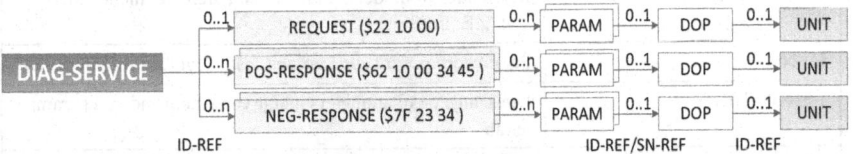

Abbildung 2.17: Ein Diagnosedienst im ODX-Datenmodell mit den Unterelementen RE-QUEST, POS-RESPONSE und NEG-RESPONSE

Der Diagnosedienst (DIAG-SERVICE) stellt im DLC die Diagnosefunktionalität dar. Somit besitzt ein Diagnosedienst eine zentrale Rolle im Diagnose-Container und insbesondere für die Diagnosekommunikation. Mit dem Überbegriff DIAG-COMM-PRIMITIVES werden DIAG-SERVICE Elemente im ODX-Modell zusammengefasst.

Abbildung 2.17 zeigt einen DIAG-SERVICE mit drei Unterelementen: einen REQUEST (Anfrage), mehrere POS-RESPONSEs (positive Antwortbotschaften) und mehrere NEG-RSPONSEs (negative Antwortbotschaften). Jedes der drei Unterelemente verweist wiederum auf mehrere PARAMs (Parameter), welche jeweils auf eine DOP (DATA-OBJECT-PROPERTIE) verweisen. Die UNITs stellen die Einheiten der DOPs dar und werden von diesen eindeutig referenziert. Ein Diagnosedienst verbindet alle Unterelemente über ID-REFs (Kapitel 2.2.1.2). Das ODX-Datenmodell unterscheidet verschiedene Parameterarten, wie z.B. kodierte Konstanten (CODED-CONSTs) oder Zahlenwerte (VALUEs). Tabelle 2.2 zeigt alle Parametertypen aus dem ODX-Standard. Die kodierte Konstante (CODED-CONST) beschreibt kommunikationsrelevante Service- und Parameter-Identifier eines Diagnosedienstes (hexadezimaler Zahlenwert).

Der Parametertyp Zahlenwert (VALUE) wird in der Regel sehr oft verwendet, da dieser auf DATA-OBJECT-PROPERTIES (DOPs) verweist, welche Umrechnungsmethoden (COMPU-METHOD) beinhalteten.

Tabelle 2.2:   Parametertypen mit Kurzbeschreibung nach ISO 22901-1

Parametertyp	Kurzbeschreibung
VALUE	Datenwert, verweist immer eindeutig auf ein DOP (DATA-OBJECT-PROPERTIE)
CODED-CONST	Konstante, wenn der Benutzer den Parameter nicht ändern soll (z.B. SID)
DYNAMIC	Parametertyp wird zur Laufzeit festgelegt (nur RESPONSE)
LENGTH-KEY	Die Länge des Parameters hängt von einem anderen Parameter ab
MATCHING-REQUST-PA-RAMTER	Response- und Request-Parameter müssen zur Laufzeit abgeglichen werden (z.B.: über die Local-ID, nur RESPONSE)
PHYS-CONST	Konstante mit Umrechnung für physikalischen Wert
RESERVED	Parameter wird zur Laufzeit ignoriert
SYSTEM	Parameter enthält Systeminformationen
TABLE-KEY	Referenzieren Komplexe-Datenstrukturen (COMPLXE-DOPs) z.B. wenn Tabellen über Identifier indiziert werden (bei UDS der Fall bei ReadDataByIdentifier und WriteData-ByIdentifier)
TABLE-STRUCT	
TABLE-ENTRY	

Abbildung 2.18 zeigt auf der linken Seite, ausgehend von einer positiven Antwortbotschaft (POS-RESPONSE, 0x62 04E5), schematisch eine DOP-Datenstruktur.

Das DOP-Element beschreibt die Datentypen der kodierten und physikalischen Werte des Parameters (DIAG-CODED-TYPE, PHYSICAL-TYPE), die Gültigkeitsintervalle für Parameter im kodierten Format (INTERNAL-CONSTR), Umrechnungsmethoden zwischen kodierten und physikalischen Werten (COMPU-METHOD) und verweist eindeutig auf ein UNIT-Element für die Einheit.

Der hexadezimale Parameter der positiven Antwort (0x04E5) wird aktiv vom D-Server auf Basis der DOP-Beschreibung in eine 32-Bit Ganzzahl ohne Vorzeichen (DIAG-CODED-TYPE = A_UNIT32) umgewandelt.

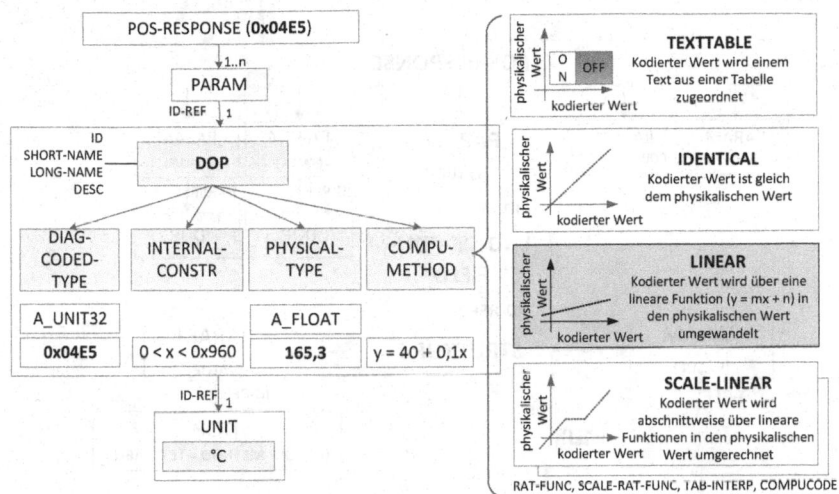

Abbildung 2.18: Schematische DOP-Struktur und Umrechnungsmethoden (COMPU-METHOD) nach ISO 22901-1 für die positive Antwortbotschaft 0x62 04E5

Auf Basis der Berechnungsmethode (COMPU-METHOD) „LINEAR" mit dem OFFSET von 40 und einer Steigung von 0,1 wird die 32-Bit Ganzzahl eingesetzt. Als Ergebnis ergibt sich der physikalische Wert, welcher nach dem PHYSICAL-TYPE des DOPs als Gleitkommazahl (A_FLOAT) dargestellt wird. Über die Referenz Unit erhält das physikalische Resultat seine Einheit Grad Celsius. Zusammengefasst beschreibt der DOP im ODX-Modell den Kern der Umwandlung von kodierten Antwortbotschaften zu physikalischen Resultaten. Abbildung 2.18 zeigt auf der rechten Seite verschiedene Berechnungsmethoden aus dem ODX-Standard. Von einfachen Tabellen (TEXTT-ABLE), in denen kodierte Werte oder Wertebereichen eindeutige Bezeichnungen zugewiesen werden, bis hin zu komplexen Funktionen (RAT-FUNC, SCALE-RAT-FUNC) stellt der Standard verschiedene Berechnungsmethoden zur Verfügung. Zusammengefasst wandelt der DOP aus Abbildung 2.18 den kodierten Wert 0x04E5 in den physikalischen Wert 165,3 Grad Celsius um.

Neben DOPs beschreibt der Standard zusätzlich komplexe Datenelemente (COMPLEX-DOPS). Diese stellen Strukturen aus einfachen Datenobjekten dar. Der häufigste Anwendungsfall für komplexe Datenelemente ist die Beschreibung des Fehlerspeichers. Der Fehlerspeicher umfasst Fehlercodes mit Umgebungsdaten (Freeze-Frames) nach [27].

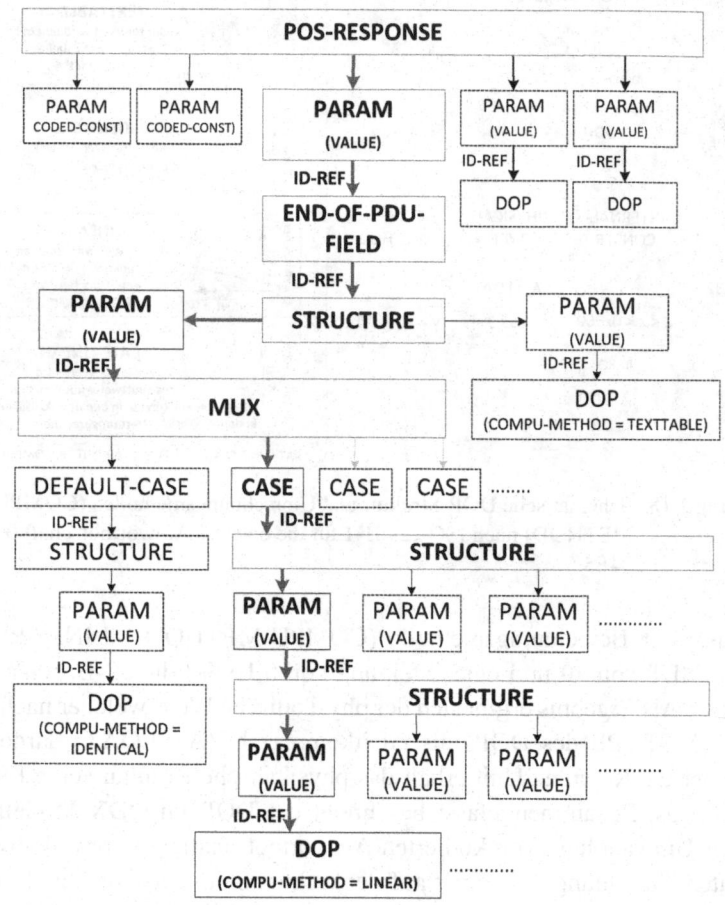

Abbildung 2.19: Umgebungsdaten für den Fehlerspeichereintrag 0xF011 nach UDS ($19) als aufgelöste abstrahierte Datenstruktur zur Diagnoselaufzeit

Abbildung 2.19 zeigt die Datenbeschreibung einer positiven Antwortbotschaft (POS-RESPONSE) der Umgebungsdaten (FREEZ-FRAMES) des Fehlerspeichereintrags (0xF011) im ODX. Hierbei wurde das Diagnose-Kommunikationsprotokoll UDS zu Grunde gelegt, folglich entspricht der Service-Identifier für DTCs Hexadezimal 0x19. Wie Abbildung 2.19 veranschaulicht, können komplexe ODX-Datenstrukturen beliebig viele Referenzen auf andere Datenstrukturen enthalten. ODX beschreibt für Umgebungsdaten einen ENV-

DATA-DESC-Abschnitt mit ENV-DATA-Feldern. Diese Felder sind als komplexe Datentypen ausgelegt, da sie Umgebungsbedingungen von vielen Fehlercodes beschreiben. Die Kombination von Parametern (PARAM), Verzweigungen (MUX) und Strukturen (STRUCTURE) mit Umrechnungsmethoden (DOPs), um große Antwortbotschaften in physikalische Werte umzuwandeln, ist eine bewährte Strukturierungsmethode. Einerseits lassen sich so mehrdimensionale Datenmatrizen umsetzen, andererseits steigt die Komplexität der Datenstruktur und damit die Wartbarkeit und Fehleranfälligkeit. Durch die Verwendung von ID-REFS oder SN-REFS lässt sich die Datenstruktur nur zur Laufzeit vollständig analysieren.

2.2.2 OTX – Austausch- und Beschreibungsformat für diagnostische Prüfabläufe

Open **T**est Sequence E**x**change (OTX) ist ein internationaler Standard nach ISO 13209 und steht für eine turing-vollständige Ablaufsprache von diagnostischen Prüfabläufen. Die Sprache folgt dem informationstechnischen Paradigma der imperativen und strukturierten prozeduralen Programmierung und ist plattformunabhängig [28]. OTX basiert ähnlich wie ODX (Kapitel 2.2.1) auf XML, was ein standardisiertes menschen- und maschinenlesbares Format darstellt. Dadurch ist OTX über die gesamte Wertschöpfungskette, von der Fahrzeugentwicklung über die Produktion bis hin zum Kundendienst, ideal einsetzbar. Motiviert ist der Standard aus dem Anspruch bisherige proprietäre Lösungen für Diagnoseskripte im Bereich Automotive zu ersetzen. Ein Auszug möglicher Einsatzbereiche von OTX-Diagnoseskripten:

- Testsequenzen in der Steuergeräteentwicklung
- Testsequenzen in der Fahrzeugentwicklung
- Setzen und Überprüfen von Diagnosegrößen für Open Loop Testsysteme
- Flashabläufe in der Produktion
- EOL-Tests am Band-Ende (End-Of-Line)
- Geführte Abläufe für den effizienten Einsatz in der Werkstatt

Abbildung 2.20 zeigt den Lebenszyklus einer Diagnosesequenz (von links nach rechts) angefangen in der Entwicklung mit der konzeptuellen Erstellung eines Diagnoseablaufs und der folgenden Spezifizierung bis hin zum dynamischen Austausch in Produktion, Kundendienst und cloudbasierten OTX-Portalen für gesetzgebende Behörden oder ähnliche Institutionen.

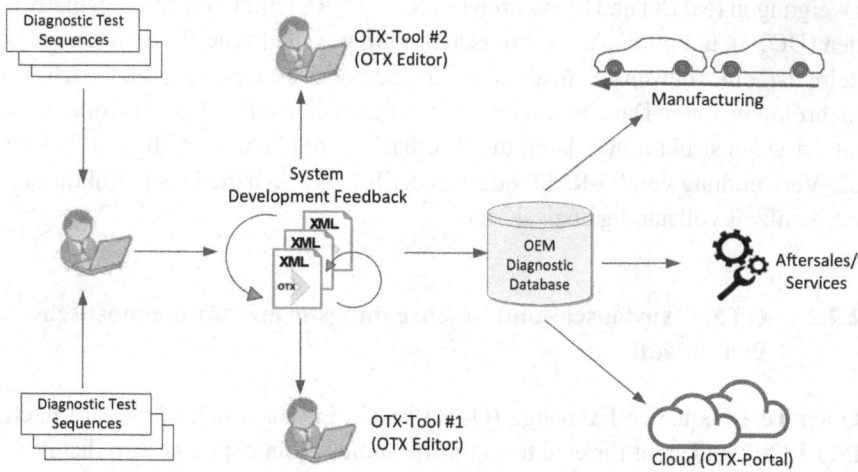

Abbildung 2.20: Schematische Darstellung OTX als austauschbares Diagnoseskriptformat für die Wertschöpfungskette im Automotive Bereich angelehnt an [24]

Äquivalent zu ODX kann der Anwender mit Hilfe geeigneter Eingabewerkzeuge in abstrahierter Form leicht OTX-XML-Datensätze erstellen und bearbeiten. In Abbildung 2.20 werden diese Applikationen als „OTX-Tool" bezeichnet [30]. Ein OTX-Tool sind z.B. die Applikationen „Softing OTX.studio" der Softing Automotive Electronics GmbH [31] oder „Open Test Framework" der emotive GmbH & Co. KG [32]. Diese Tools bauen auf dem OTX-Standard auf und unterstützen den Anwender mit umfangreichen graphischen Oberflächen, um einfach austauschbare Diagnoseabläufe zu erstellen. Im Folgenden wird auf die Architektur, das Modell und die Konzepte von OTX eingegangen.

2.2.2.1   Architektur, Modell und Konzepte von OTX

Nach ISO 13209-1 teilt sich OTX in ein Grundsystem (OTX-Core) und definierte optionale Schnittstellen für mögliche Systemerweiterungen (Extension). Abbildung 2.21 zeigt schematisch das OTX-Modell (oben) in Interaktion mit

dem in Kapitel 2.2.1 vorgestellten MVCI mit D-Server und ODX für die standardisierte Fahrzeugdiagnose (unten). Das Grundsystem (OTX-Core, ISO
13209-2) beschreibt die Grundelemente einer OTX-Sequenz und muss nach
ISO vollständig umgesetzt werden.

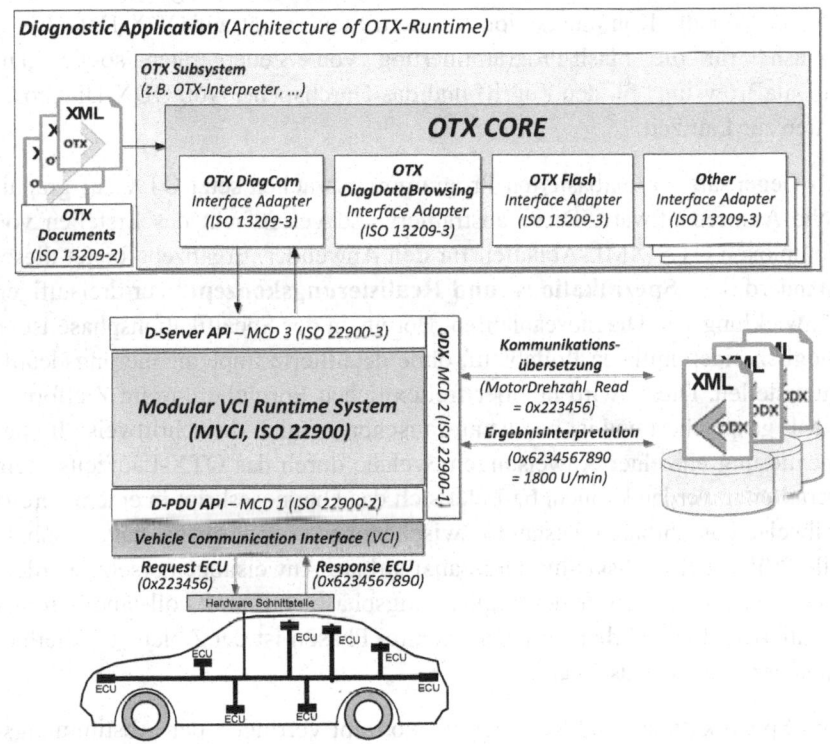

Abbildung 2.21: Struktur des OTX-Modells nach ISO 13209 im Gesamtsystem der Fahrzeugdiagnose

Grundbausteine von Programmiersprachen wie Datentypen, Zuweisungen,
Deklarationen, Operatoren und Kontrollflussstrukturen sind als XML-Struktur
definiert. Eine zentrale Rolle im Standard nimmt **„Terms & Actions"** ein.
Terms werden verwendet, um syntaktische Ausdrücke zu beschreiben. Ein
Ausdruck wird ausgewertet und gibt immer einen einfachen oder komplexen
Wert zurück. Terms werden in Actions, Parametern oder Bedingungen einge-
setzt. Eine Action (Aktivität) hingegen besitzt einen Satz von Eigenschaften
zur Konfiguration der Aktivität. Der Unterschied zwischen Terms und Actions

besteht darin, dass die Argumente eines Terms zur Laufzeit unverändert bleiben. Nach Definition erzeugen Terms somit keine Seiteneffekte [33].

Der OTX-Core mit allen Bausteinen kann um optionale Schnittstellen (Interface Adapter) erweitert werden. Das sind Systemerweiterungen wie z.B. „DiagCom" für die Kommunikation mit dem Steuergerät auf ODX-Datenbasis,
„Flash" für die Flash-Programmierung von Steuergeräten sowie „Di-
agDataBrowsing" für den Zugriff und das Durchsuchen von ODX-Diagnose-
daten zur Laufzeit.

Im Gegensatz zu textbasierten Programmiersprachen setzt OTX auf graphi-
sche Autorensoftware. Diese abstrahiert und vereinfacht das Erstellen von
komplexen OTX-XML-Abläufen für den Anwender. Ergänzend bietet dieser
Standard das **„Spezifikations- und Realisierungskonzept"** zur dreistufigen
Entwicklung von Diagnoseabläufen. Bereits in der Spezifikationsphase ist es
möglich einen initialen Prüfablauf, ohne detaillierte Implementierungsdetails
zu erstellen. Dieser wird in einer freitextlichen Formulierung im Zielformat
XML gespeichert und ist bereits austauschbar. Durch die schrittweise Implementierung einzelner Anweisungen, welche durch das OTX-Laufzeitsystem
verarbeitet werden können, befindet sich das Diagnoseskript in einem bereits
teilweise ausführbaren Zustand (Zwischenphase - intermedia stage). Sobald
alle Prüfschritte vollständig durch ausführbare Anweisungen ersetzt wurden,
ist der Diagnoseablauf in der Realisierungsphase und somit vollständig implementiert und ausführbar. In jeder der drei Phasen ist der Ablauf validierbar,
speicher- und austauschbar.

Das Spezifikations- und Realisierungskonzept verringert den Abstimmungs-
aufwand zwischen Programmierern und Diagnoseexperten. Die Diagnoseexperten sind so ohne tiefe Programmierkenntnis in der Lage eigenständig Ab-
laufspezifikationen zu definieren. Zusammenfassend verringert dieses
Konzept den Einarbeitungsaufwand und spart Kosten und Zeit in der automobilen Wertschöpfungskette.

2.2.2.2   Die Erweiterung DiagCom

Eine der wichtigsten Systemerweiterungen des in Kapitel 2.2.2.1 bereits vorgestellten OTX Core ist die „DiagCom-Extension". Diese standardisierte Er-

weiterung stellt alle OTX-Elemente für die diagnostische Fahrzeugkommunikation zur Verfügung. Folgende Teilbereiche der Fahrzeugdiagnose werden im Standard berücksichtigt:

- Handhabung der Kommunikationskanäle der Steuergeräte
- Ausführen von Diagnosediensten
- Setzen von Diagnose-Anfrage-Parametern und Auswerten von Diagnoseantworten
- Umgang mit positiven und verschiedenen negativen Diagnoseantworten
- Umgang mit Protokoll-Parametern des Kommunikationskanals
- Variantenidentifikation der Steuergeräte
- Funktionale Diagnose (mehrere Steuergeräteantworten auf eine Anfrage)
- Kombination von funktionaler und zyklischer Diagnoseausführung
- Umgang mit komplexen Datenstrukturen innerhalb von Anfragen und Antworten: Parameterstrukturen, Parameterlisten, Parameterstrukturlisten.

Der OTX-Standard hat das ausdrückliche Designziel die Lauffähigkeit auf allen Diagnosekommunikations-Kernels zu gewährleisten. Die DiagCom-Erweiterung stellt ein Laufzeit-Interface für Diagnosekommunikation zur Verfügung. Das Durchsuchen von Diagnosedatenbasen (z.B. ASAM MCD3 API, ODX) ist nicht das Ziel der DiagCom-Erweiterung und soll nach Standard in einer spezifischen OTX-Erweiterung definiert werden. Die Voraussetzung zur Ausführung einer Diagnosekommunikation zwischen Diagnoseapplikation und Steuergerät ist ein Kommunikationskanal. Die Instanz eines Kommunikationskanals wird im OTX-Standard als „ComChannel" bezeichnet. Diese stellt eine logische Verbindung zwischen der Test-Sequenz und dem Kommunikationsziel (Steuergerät) her. Ein „ComChannel enthält keinerlei Informationen über Protokolle, Verkabelung, Anschlüsse oder Pinning. Diese Informationen werden in der unterliegenden Kommunikationsschicht definiert. Ein wichtiger Aspekt für die weitere Betrachtung der skriptbasierten Off-Board-Diagnose in dieser Ausarbeitung ist, dass ein „ComChannel" ausschließlich auf symbolischer Ebene adressiert wird. Zur Laufzeit wird über den Steuergerätenamen (SN-Ref) und die Kommunikationsprotokoll-Referenz (SN-Ref) die Variante und die Diagnosefähigkeit geprüft und aufgebaut.

2.2.2.3   Fehlerbehandlung

In der Spezifizierung vom OTX-Standard werden Ausnahmen zur Laufzeit als „Exceptions" in Form von komplexen Datentypen dargestellt. Diese beinhalten im Allgemeinen den Fehlertext und Informationen über den Programm-Stack. Im Fehlerfall werden diese zur Laufzeit einmalig generiert und können nicht verändert werden. Die Norm unterscheidet zwischen impliziten und expliziten Ausnahmen. Implizite Ausnahmen sind z.B. „OutOfBoundsExceptions" (Wertebereich außerhalb der Berechnungsgrenzen) oder „TypeMismatchExceptions" (gesetzter Datentyp entspricht nicht dem erwarteten Datentyp).

Tabelle 2.3:   Ausnahmetypen des OTX-Cores definiert in der ISO 13209-2

Exceptions	Fehlerbeschreibung
OutOfBoundsException	Das illegale Zugreifen auf Speicherbereiche, z.B.: • Zugriff auf einen Index eines Listenelements, das größer ist als die Länge der Liste (OTX-Liste) • Zugriff über einen eindeutigen Schlüssel innerhalb einer Map-Variable (OTX-Map) auf ein Element • Ganzzahliger Wert überschreitet den erlaubten Wertebereich
TypeMismatchException	Konvertierungsfehler, z.B. die Zuweisung eines Zeichenwerts (String) auf einen Ganzzahlwert (Integer) ohne passende Konvertierungsfunktion
ArithmeticException	Fehler in arithmetischen Operationen "Divide" oder "Modulo" Berechnungen
AmbiguousCallException	Eine OTX-Prozedur wird indirekt über eine OTX-Signatur aufgerufen, welche mehrdeutige Implementierungen besitzt
ConcurrentModificationException	Wenn zur Zeit der Ausführung einer For-Each-Schleife die Schleife geändert wird. Der Fehler kann innerhalb der Schleife oder durch parallele Implementierungen auftreten.
InvalidReferenceException	Tritt auf, wenn auf eine Variable zugegriffen wird, welche bisher keine Wertzuweisung besitzt. Betrifft Datentypen, die keinen Default-Wert besitzen.

Implizite Ausnahmen werden immer nur vom System ausgegeben, wohingegen explizite Ausnahmen ausschließlich in benutzerdefinierter Form als sogenannte „UserException" vorkommen. Die ISO13209 definiert verschiedene Ausnahmetypen.

Tabelle 2.3 zeigt implizite Ausnahmen aus dem OTX-Core nach ISO 13209-2. Der Standard definiert für diese Ausnahmen keine besonderen Eigenschaften bezüglich ihrer Deklaration oder Initialisierung.

Der Standard schreibt lediglich vor, dass diese Ausnahmen (implizit) eine aussagekräftige Fehlerbeschreibung und einen Stack-Trace (im Moment der Ausnahme) erzeugen sollen. Folglich können sich die Fehlerdetails zwischen den unterschiedlichen Softwareherstellern unterscheiden. Grund hierfür ist, dass der OTX-Standard nur den Rahmen vorgibt und gleichzeitig die Umsetzung der Implementierung frei lässt.

In dieser Ausarbeitung liegt der Fokus auf den Diagnosekommunikationsfehlern, diese sind im Standard als abgeleiteter Ausnahmetyp „DiagComException" zusammengefasst. Die „DiagComExceptions" sind wiederum in Untertypen aufgeteilt. Tabelle A.1 im Anhang veranschaulicht alle Ausnahmetypen, die von der Überklasse „DiagComException" abgeleitet sind.

2.2.3 SOVD – Service Oriented Vehicle Diagnostics

SOVD steht für Service Oriented Vehicle Diagnostics und beschreibt einen modernen Diagnosestandard der Standardization of Automation and Measuring Systems (ASAM) [34]. Getrieben durch die zwei wichtigsten Megatrends in der Mobilitätsbranche, Elektrifizierung der Antriebe und autonomes Fahren, steht SOVD für ein grundlegend neues Diagnosesystem für neue E/E-Architekturen. Durch den Einzug von HPC (High-Performance Computing) in die Fahrzeugarchitekturen ergeben sich neue softwarebasierte Systeme und daraus neue Herausforderungen in der Diagnose. In der Literatur sind ähnliche Konzepte zu finden fahrzeugeigene Steuergeräte für die diagnostische Telemetrie einzusetzen [35]. Das Ziel der ASAM ist es einen neuen Standard zu schaffen. Dieser soll den einfachen Zugriff auf klassische Steuergeräte und neue Systeme ermöglichen. Zusätzlich wurde das Hauptaugenmerk auf fortlaufende Software-Updates gelegt. Kapitel 3.2 „Variantenvielfalt und Änderungsdynamik" zeigt anschaulich, wie oft und mit welcher Dynamik Änderungen in der

Software durchgeführt werden. Insbesondere der Flottenbetrieb von Fahrzeugen in der Entwicklung stellt eine der größten Herausforderungen für die Qualität der diagnostischen Messdaten dar. Abbildung 2.22 zeigt schematisch das
SOVD-System mit neuer E/E-Fahrzeugarchitektur und drei eingeführten Szenarien für Diagnose **Proximity, In-Vehicle** und **Remote** [36].

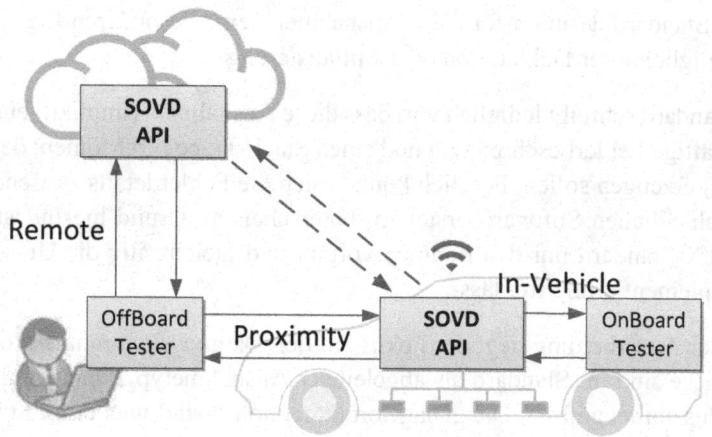

Abbildung 2.22: SOVD in neuer E/E-Architektur für die Szenarien Proximity-, In-Ve-
hicle- und Remote-Diagnose in Anlehnung an [37]

Hierbei steht Proximity für direkt oder im Nahbereich verdrahtete diagnostische Kommunikation mit dem Fahrzeug. Die Proximity-Diagnose steht für die
klassische Diagnose mit Werkstatttester im Service und Aftersales, in der Produktion im End-Of-Line-Test oder bei einer Prüfstelle für den Abgastest oder
die Hauptuntersuchung.

Das Anwendungsszenario Remote stellt die Kommunikation aus der Ferne (O-
ver-The-Air) und das Szenario In-Vehicle Diagnose während der Fahrt bzw.
im Fahrzeug dar [38]. Über das Szenario Remote ist es möglich Flottenmanagement oder Fernwartung darzustellen.

Die In-Vehicle Diagnose umfasst Überwachungsfunktionen oder prädiktive
Wartungen. Im Gegensatz zur D-PDU API oder D-Server API (Kapitel 2.2.1)
standardisiert SOVD eine programmiersprachenunabhängige REST
(Respresentational State Transfer) API. Die REST API basiert auf modernen
Web-Technologien wie HTTP-Protokoll und JSON-Datenstrukturen.

Zusätzlich ist es möglich einfache Web-Standards, wie OpenID Connect zur Authentifizierung oder OAuth2, zur Steuerung von Berechtigungen hinzuzufügen. Zusätzlich ist die SOVD API multiclient-fähig. Es ist möglich zeitgleich über einen Off-Board-Tester (Proximity) und eine Cloud-Anwendung (Remote) am Fahrzeug eine Diagnose durchzuführen. Ein Techniker in der Werkstatt und ein Entwickler im Büro können damit zeitgleich Diagnose am selben Prüfling durchführen [37]. Abbildung 2.23 zeigt schematisch eine mögliche SOVD-Fahrzeugarchitektur.

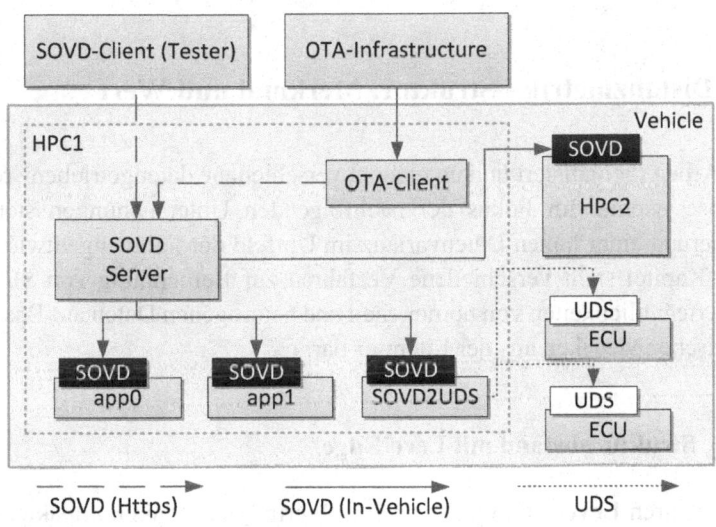

Abbildung 2.23: Schematisches SOVD-Architekturbild gegliedert in HPC1, Vehicle und SOVD-Clients nach [34]

Die Abbildung 2.23 zeigt anschaulich den Hochleistungsrechner HPC1 (gestricheltes Viereck) im Fahrzeug mit SOVD-Server, einem Over-The-Air-Client und verschiedenen Softwarekomponenten (app0, app1 und SOVD2UDS). Die Softwarekomponenten sind über die einheitliche SOVD-Schnittstelle mit dem SOVD-Server verbunden (In-Vehicle). Die Softwarekomponente SOVD2UDS ist Teil der Standardisierung und wird als „Classic Diagnostic Adapter" bezeichnet. Diese Komponente stellt eine Brückentechnologie dar, damit aktuelle UDS-basierte Fahrzeuge über SOVD angesprochen werden können. Der SOVD-Server stellt die SOVD-API allen Clients zur Verfügung. In Abbildung 2.23 greift ein SOVD-Client und eine Over-The-Air-Infrastruktur (z.B. Cloud-Anwendung) über ein Over-The-Air-Client auf den SOVD-

Server von außen zu. Der SOVD-Server spielt im Standard eine zentrale Rolle und ist die einzige Diagnoseschnittstelle im Fahrzeug.

Zusammengefasst bietet der neue SOVD-Standard die Möglichkeit einheitlich HPCs und klassische Steuergeräte zu diagnostizieren. Der Einsatz von modernen Web-Technologien macht SOVD zukunftssicher in wichtigen Themengebieten wie automatisiertes Fahren, Ferndiagnose und prädiktive Diagnose [39].

2.3 Distanzmetrik - Struktur, Merkmal und Wert

Diese Arbeit thematisiert und untersucht verschiedene datengetriebene remote Diagnosesysteme. Im Fokus der nachfolgenden Untersuchungen steht die Gruppierung einer hohen Datenvarianz im Umfeld der Fahrzeugentwicklung. Dieses Kapitel stellt verschiedene Verfahren zur Berechnung von Struktur- und Werteähnlichkeiten von homogenen und heterogenen Daten auf Basis mathematischer Metriken aus der Literatur dar.

2.3.1 Strukturabstand mit LevelEdge

Das Verfahren **Level Structures** nach [40] ermöglicht eine kompakte, strukturierte und redundanzfreie Darstellung von verzweigten Datenstrukturen. Abbildung 2.24 zeigt im linken Bereich (a) ein XML-Dokument als Baumstruktur. Jedem Knoten wird ein Wert zugeordnet (Ganzzahl) und die Baumstruktur wird in vertikale Schichten (Level) eingeteilt. Das Verfahren teilt (a) in drei Schichten. Jede Schicht (Level 0 bis Level 2) entspricht einer Liste oder einem Vektor von einzigartigen Knotenwerten. Abbildung 2.24 zeigt auf der rechten Seite (Bild (b)) die resultierende Darstellung.

Diese Verfahren berücksichtigten die Beziehung der Knoten zueinander pro Schicht (vertikal). Die Abhängigkeit Vater-Knoten zu Kind-Knoten wird nicht dargestellt (horizontal). Für die Anwendung von Cluster oder dem Vergleich von Datenstrukturen stellt dies eine Herausforderung dar.

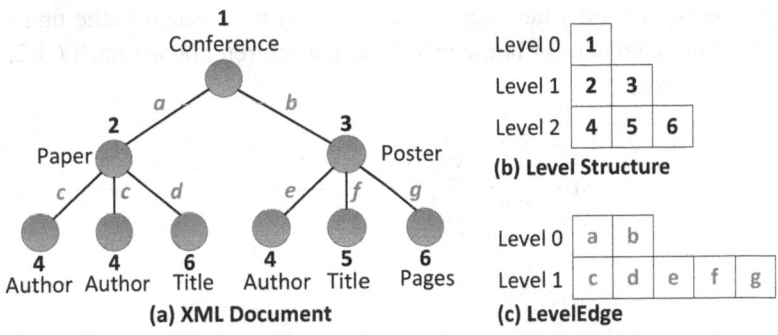

Abbildung 2.24: Beispiel für ein Level Structure und LevelEdge nach [40] und [41] für ein XML-Dokument in Form einer Baumstruktur

Die Literatur unterschiedet hier zwischen **homogenen und heterogenen Datenstrukturen**. In einer heterogenen Datenstruktur können gleiche Knoten oder Kanten in verschiedenen Schichten vorkommen, wohingegen in homogenen Strukturen ein Knoten oder Kanten nur in einer Schicht vorkommen darf. Insbesondere bei der Beschreibung von homogenen Datenstrukturen kommt dieses Verfahren an seine Grenzen. Hauptnachteil ist, dass verschiedene XML-Dokumente der gleichen Dokumententypdefinition (Document Type Definition - DTD) die gleiche Level Strukturen vorweisen.

P. Antonellis, C. Makris und N. Tsirakis führen in dem wissenschaftlichen Beitrag „clustering homogeneous and heterogeneos xml documents using edge summaries" erstmalig ein Verfahren mit der Bezeichnung **LevelEdge: Summerizing Edges per Level** ein, welches pro Schicht Kanten statt Knoten zusammenfasst [41]. Abbildung 2.24 Bild (c) wendet das Verfahren LevelEdge auf das bekannte XML-Dokument Bild (a) an. Im direkten Vergleich zum Bild (b) erzeugt das LevelEdge Verfahren nur 2 Schichten. Eine Schicht mit der Beziehung von Knoten 1 zu Knoten 2 und 3 und eine Schicht mit der Beziehung von Knoten 2 und 3 zu Knoten 4, 5 und 6. Zusammengefasst ermöglicht das eingeführte Verfahren LevelEdge eine genauere Darstellung von Datenstrukturen und eignet sich besonders für den Vergleich von homogenen und heterogenen Datenstrukturen. Zusätzlich wird im wissenschaftlichen Beitrag erstmalig die Distanzmetrik Sim_{L_1, L_2} vorgeschlagen. Die Distanzmetrik basiert auf dem Level Structure Verfahren und berechnet die Ähnlichkeit von zwei homogenen oder heterogenen Datenstrukturen. Semantische und strukturelle Ähnlichkeiten für homogene Datenstrukturen können nach Gl 2.1 berechnet werden.

$$Sim_{L_1,L_2} = \frac{\sum_{i=1}^{m-1} c_i \cdot a^{m-i-1}}{\sum_{i=0}^{M-1} t_j \cdot a^{M-i-1}}$$

Gl. 2.1

L_1 und L_2 repräsentiert die LevelEdge Darstellung für zwei verschiedene Datenstrukturen. Die Ähnlichkeit Sim_{L_1,L_2} für homogene Datenstrukturen berechnet sich aus der Summe über die minimale Anzahl von Schichten (Level) m und dem Produkt aus der Anzahl identischer Kanten, sowie der Potenz einer positiven Zahl a pro Schicht. Die positive Zahl a stellt einen anwenderdefinierten Gewichtungswert dar, der Kanten in höheren Schichten (Level) höher bewertet. Sim_{L_1,L_2} kann Werte zwischen 0 bis 1 annehmen, wobei 1 für zwei exakt identische Datenstrukturen und 0 für völlig verschiedene Datenstrukturen steht. Für heterogene Datenstrukturen (äquivalente Kanten in verschiedenen Schichten) wird die Gl. 2.1 wie folgt erweitert.

$$Sim_{L_L} = 0{,}5 \cdot \sum_{i=0}^{L-1} c_i \cdot a^{L-i-1}$$

Gl. 2.2

$$Sim_{L_1,L_2} = \frac{Sim_{L_{L_1}} \cdot Sim_{L_{L_2}}}{\sum_{i=0}^{M-1} t_j \cdot a^{M-j-1}}$$

Gl. 2.3

Die Anzahl identischer Kanten c_i wird in der Gl. 2.2 nach folgender Methode berechnet:

1. Beginne auf Schicht 0 in beiden Datenstrukturen L_1 und L_2. Setze c_i, wenn gemeinsame Kanten existieren, und springe zu Schritt 2. Existieren keine gemeinsamen Kanten für Schicht 0, springe zu Schritt 3.
2. Bewege dich in die nächste Schicht von L_1 und L_2. Setze c_i, wenn gemeinsame Kanten existieren, und wiederhole Schritt 2. Existieren keine gemeinsamen Kanten springe zu Schritt 3.

3. Bewege dich in die nächste Schicht von L_2 und bleibe für L_1 in der aktuellen Schicht. Setze c_i, wenn gemeinsame Kanten existieren, und springe zu Schritt 2. Existieren keine gemeinsamen Kanten, springe zu Schritt 3.

4. Wiederhole die Methode, bis alle Schichten geprüft sind.

Ist die Ähnlichkeit $Sim_{L_1,L_2} = 1$, haben beide Strukturen exakt die gleichen Kanten. Im Umkehrschluss bedeutet das aber nicht, dass die Datenstrukturen gleich sein müssen.

2.3.2 Verallgemeinerte gewichtete Hamming-Ähnlichkeit

Benannt nach dem US-amerikanischen Mathematiker Richard Wesley Hamming ist der **Hamming-Abstand (Hamming-Distanz)** ein Maß für die Unterschiedlichkeit zweier Zeichenketten [42]. In der Praxis findet diese Metrik vor allem Anwendung in der Informatik, zum Berechnen des Unterschieds zwischen Codeblöcken. Abbildung 2.25 zeigt exemplarisch den Hamming-Abstand zwischen Pärchen von Bitfolgen, Zahlenfolgen und Zeichenketten.

$$010010 \; und \; 010110 \rightarrow dist_H = 1$$
$$324512 \; und \; 325513 \rightarrow dist_H = 2$$
$$\mathbf{Hund} \; und \; \mathbf{Affe} \qquad \rightarrow dist_H = 4$$

Abbildung 2.25: Hamming-Abstand (Hamming-Distanz) zwischen Bitfolgen, Zahlenfolgen und Zeichenketten

Im Buch „Methoden wissensbasierter Systeme" von Christoph Beierle wird eine **verallgemeinerte gewichtete Hamming-Ähnlichkeit** für den Anwendungsfall fallbasiertes Schließen eingeführt [43]. Das fallbasierte Schließen (case-based reasoning - CBR) stellt ein maschinelles Lernverfahren zur Problemlösung auf Basis der Analogie zweier Objekte dar. Gl. 2.4 stellt die gewichtete Summe aller Ähnlichkeitswerte für einzelne Fallmerkmale mit binären (wahr/falsch, hoch/niedrig) und multiplen Attributen x und y dar. Hierbei entspricht ω_i einem positiven Gewichtungsfaktor für den i-ten Merkmalwert. Dies ermöglicht, wichtige Merkmale stärker in die Gesamtähnlichkeit einfließen zu lassen. Der Wertebereich der allgemeinen gewichteten Hamming-Ähnlichkeit sim_H^ω liegt zwischen $0 \leq sim_H^\omega(x,y) \leq 1$.

$$sim_H^\omega(x, y) = \frac{\sum_{i=1}^n \omega_i \cdot sim_i(x_i, y_i)}{\sum_{i=1}^n \omega_i}$$

Gl. 2.4

Bei der Ähnlichkeitsbestimmung nach [43] wird zwischen einer **quantitativen** und **qualitativen Ähnlichkeit** für $sim_i(x_i, y_i)$ Merkmale unterschieden. Aufzählungen in Form von Berechnungskategorien (COMPU-CATEGORY) aus dem ODX-Standard wie LINEAR, RAT-FUNC, IDENTICAL können in der qualitativen Form wie folgt bestimmt werden:

$$sim_{cc}(x_{cc}, y_{cc}) = \begin{cases} 1 & falls \quad x_{cc} = y_{cc} \\ 0.5 & falls \quad x_{cc} \neq y_{cc} \quad x_{cc}, y_{cc} \in \{LINEAR, ...\} \\ 0 & sonst \end{cases}$$

Gl. 2.5

Die qualitative Ähnlichkeit sim_{cc} (Gl. 2.5) für diagnostische Berechnungskategorien nimmt bei identischen Objekten $x_{cc} = y_{cc}$ den Wert 1 an. Befinden sich beide Objekte im Lösungsraum $\{LINEAR, IDENTICAL, ...\}$, wird ein Wert von 0.5 angenommen. Ist eine der beiden oder beide Objekte nicht im Lösungsraum, wird 0 ausgegeben. Angenommen, es sei $x_{cc} = LINEAR$ und $y_{cc} = IDENTCIAL$, ergibt sich eine qualitative Ähnlichkeit $sim_{cc}(x_{cc}, y_{cc}) = 0.5$.

Bei Merkmalen mit quantitativen Attributen, z. B. einem Wertebereich positiver Ganzzahlen von 0 °C bis 255 °C für eine Sensortemperatur, kann diese als normierte Differenz wie folgt berechnet werden:

$$sim_{stemp}(t_1, t_2) = 1 - \frac{|t_1 - t_2|}{256}$$

Gl. 2.6

Für $t_1 = 13°C$ und $t_2 = 18°C$ berechnet sich die normierte Differenz zu $sim_{stemp}(t_1, t_2) = 0.9804$. Die beiden Werte liegen nahe beieinander und weisen somit eine hohe Ähnlichkeit auf. Angenommen, die Gewichtung der diagnostischen Berechnungskategorien ist $\omega_{cc} = 1$ und die Gewichtung der Sensortemperatur ist $\omega_{stemp} = 6$, dann besitzt die Berechnungskategorie einen wesentlich höheren Gewichtungsfaktor. Das hat zur Folge, dass ein Unterschied in den Kategorien einen starken Einfluss auf die Gesamtähnlichkeit hat. Zusammengefasst berechnet sich die allgemeine gewichtete Hamming-Ähnlichkeit zu:

$$sim_H^\omega(x,y) = \frac{(1 \cdot 0.9804) + (6 \cdot 0.5)}{7} = \mathbf{0.5686} \qquad \text{Gl. 2.7}$$

Die eingeführte Gewichtung in Kombination mit der allgemeinen Hamming-Distanz ermöglicht die gezielte Bestimmung von Ähnlichkeiten zwischen komplexen Daten und Merkmalen.

2.3.3   Damerau-Levenshtein-Distanz

Bei der automatischen Rechtschreibprüfung oder der Erkennung von Duplikaten in verschiedenen Applikationen wie der Produktsuche bei Online-Shops, ist das Verfahren nach dem gleichnamigen russischen Wissenschaftler Wladimir Lewenstein (engl. Levenshtein) nicht wegzudenken. Die **Levenshtein-Distanz** oder auch verbreitet bekannt als **Editierdistanz** beschreibt ein Verfahren zur Ermittlung der minimalen Anzahl von Operationen (Einfügen, Löschen und Ersetzten) um zwei Zeichenketten ineinander zu überführen [44]. Aus mathematischer Sicht ist diese Metrik in dem Raum der Symbolsequenzen bestimmt [45]. Das Verfahren nach Levenshtein beschreibt die Gl. 2.8:

$$D_{i,j} = \min \begin{cases} D_{i-1,j-1} + 0 \; falls \; u_i = v_j \;\; (keine \; \ddot{A}nderung) \\ D_{i-1,j-1} + 1 \qquad (ein \; Zeichen \; wird \; ersetzt) \\ D_{i,j-1} + 1 \qquad (ein \; Zeichen \; wird \; eingef\ddot{u}gt) \\ D_{i-1,j} + 1 \qquad (ein \; Zeichen \; wird \; entfernt) \end{cases} \qquad \text{Gl. 2.8}$$

Die Zeichenketten u und v mit den Zeichen u_i und v_j werden zu einer Matrix D mit den drei Operationen Einfügen, Löschen und Ersetzen aufgespannt. Hierbei gilt $m = |u|$ und $n = |v|$ (Anzahl der Zeichen in der jeweiligen Zeichenkette). Der erste Eintrag in der Matrix entspricht immer $D_{0,0} = 0$. Zusätzlich gilt für die Größe der Matrix $D_{i,0} = i, 1 \leq i \leq m$ und $D_{0,j} = j, 1 \leq j \leq n$. Daraus ergibt sich die in Gl. 2.9 dargestellte allgemeine Matrix D. Die Anzahl der Spalten und Zeilen wird durch die Länge der zu vergleichenden Zeichenketten definiert.

$$D = \begin{pmatrix} 0 & \cdots & n \\ \vdots & \ddots & \vdots \\ m & \cdots & * \end{pmatrix}$$

Gl. 2.9

Das Beispiel aus Abbildung 2.26 veranschaulicht die Berechnung der Levenshtein-Distanz für die zwei Wörter **BatU_Cell** und **Bta_Cell** aus dem Umfeld der Fahrzeugdiagnose für die Zellspannung der Traktionsbatterie.

	B	**t**	**a**	**_**	**C**	**e**	**l**	**l**
	0	1	2	3	4	5	6	7	8
B	1	0	1	2	3	4	5	6	7
a	2	1	2	1	2	3	4	5	6
t	3	2	1	2	3	4	5	6	7
U	4	3	2	3	4	5	6	7	8
_	5	4	3	4	3	4	5	6	7
C	6	5	4	5	4	3	4	5	6
e	7	6	5	6	5	4	3	4	5
l	8	7	6	7	6	5	4	3	4
l	9	8	7	8	7	6	5	4	3

Abbildung 2.26: Distanz-Matrix nach dem Verfahren der Levensthein-Distanz, zwischen den Wörtern Bta_Cell und BatU_Cell, für diagnostische Zellspannung einer Traktionsbatterie

Die minimale Levensthein-Distanz aus Abbildung 2.26 ist der Wert 3, dargestellt unten rechts in der aufgespannten Matrix. Jeder Eintrag in der Matrix entspricht der Anzahl der Operationen (Einfügen, Ersetzen oder Löschen) in der Literatur nach Gl. 2.9, die Zeichenketten an den jeweiligen Positionen j, i ineinander zu überführen. Die Operationen werden in der Literatur auch mit Kosten definiert. Fred J. Demerau erweiterte das Verfahren von Levensthein im Jahre 1964, um die Funktion zwei vertauschte Zeichen identifizieren zu können [45]. Zusammengefasst reduziert die Demerau-Levenshtein-Distanz die Kosten (Operationen) bei vertauschten Zeichen um den Wert eins. Angewendet auf das Beispiel in Abbildung 2.26 reduziert sich somit die errechnete Distanz auf den Wert 2.

3 Analyse datengetriebener Off-Board-Diagnose-Systeme

Ziel dieses Kapitels ist die Analyse der Systeme und die Darstellung von Herausforderungen moderner, datengetriebener Off-Board-Diagnose in der Fahrzeugentwicklung. Anfänglich wird der Betrachtungsraum der Analyse innerhalb des erweiterten V-Modells dargestellt und das komplexe Diagnosesystem auf Datenebene abstrahiert. Danach wird anhand von simulierten Daten aus der Entwicklung die Änderungsdynamik von Diagnosedaten (ODX) vorgestellt und diskutiert. Die resultierenden Auswirkungen auf das Diagnosesystem in Form von fehlerhaften Messaufgaben, Resultaten und Kommunikation der Diagnose werden aufgezeigt. Vor- und Nachteile von asynchronen Daten im verteilten Diagnosesystem werden dargestellt. Abschließend werden die identifizierten Herausforderungen im Diagnosesystem tabellarisch zusammengefasst und erste Lösungsvorschläge gegeben. Zusammenfassend wird der Bedarf eines neuen Konzepts für multivariante und asynchrone remote Off-Board-Diagnose manifestiert.

3.1 Abgrenzung der Analyse

Der Fokus dieser Betrachtung wird auf die in der Fahrzeugentwicklung verwendete skriptbasierte Off-Board-Diagnose und deren Softwarekomponenten gelegt. Abbildung 3.1 stellt auf Basis des erweiterten V-Models für Diagnose (Kapitel 2.1.4) den Bereich und die Abgrenzung dieser Analyse im Vorgehensmodell dar.

Im Prozessschritt **Fahrzeugtest** des erweiterten V-Modells ist der Softwarereifegrad niedrig und es werden erste Systemtests durchgeführt. Schwerpunkt der Untersuchung ist die steigende Dynamik und Variantenvielfalt in der datengetriebenen Steuergeräte- und Fahrzeugentwicklung [46].

© Der/die Autor(en), exklusiv lizenziert an
Springer Fachmedien Wiesbaden GmbH, ein Teil von Springer Nature 2023
K. A. Komarek, *Konzept eines remote Diagnosesystems zur Qualitätssteigerung von Messdaten in der modernen Fahrzeugentwicklung*, Wissenschaftliche Reihe Fahrzeugtechnik Universität Stuttgart, https://doi.org/10.1007/978-3-658-43960-6_3

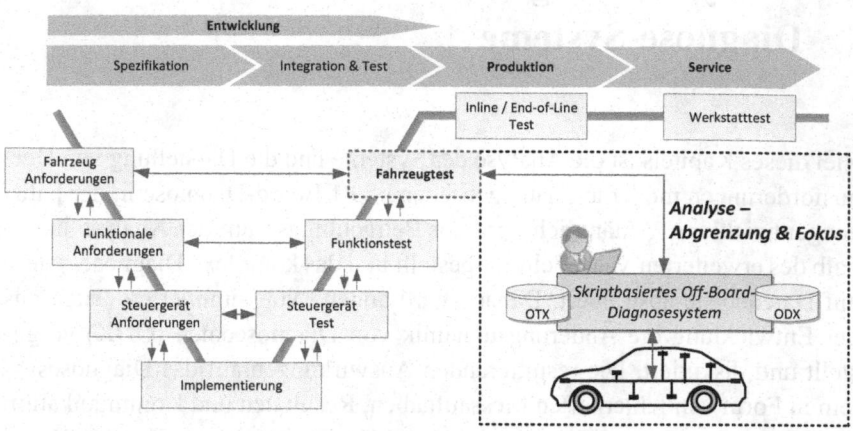

Abbildung 3.1:   Analysebereich der datengetriebenen Off-Board-Diagnose im erweiterten V-Modell für Steuergerätefunktionsentwicklung

3.2   Variantenvielfalt und Änderungsdynamik

Abbildung 3.2 illustriert qualitativ die Anzahl der Funktionen pro Steuergerät
und Fahrzeug, sowie die Anzahl der Steuergeräte pro Fahrzeug über die Zeit-
achse. In den ersten 30 Jahren, von 1970 bis 2000, zeigt der Verlauf im Mittel
einen linearen Kurvenverlauf. Im Zeitraum ab 2000 bis 2020 ändert sich der
Verlauf in eine exponentielle Kurvencharakteristik. Insbesondere die Anzahl
der Funktionen pro Steuergerät und Fahrzeug steigt ab dem Jahr 2000 nicht
mehr linear.

Der rasante technologische Fortschritt im heutigen Informationszeitalter ermöglicht es, die Leistungsfähigkeit und die Vernetzung von Mikrocontrollern
wesentlich zu steigern. Zunehmend mehr Funktionalitäten gehören, über alle
Fahrzeugklassen, zur Grundausstattung eines Automobils, wohingegen die
Anzahl der verbauten Steuergeräte pro Fahrzeug seit 2012 einen Trend zur
Sättigung aufweist. Der Kostendruck in Kombination mit Bauraumeinschrän-
kungen sind zwei Ursachen dafür, dass die Anzahl der verbauten Steuergeräte
im Fahrzeug sinkt [47]. Software-Funktionen werden in einzelnen Steuergeräten zusammengefasst, was zur Folge hat, dass die Anzahl der Funktionen pro
Steuergerät zunimmt.

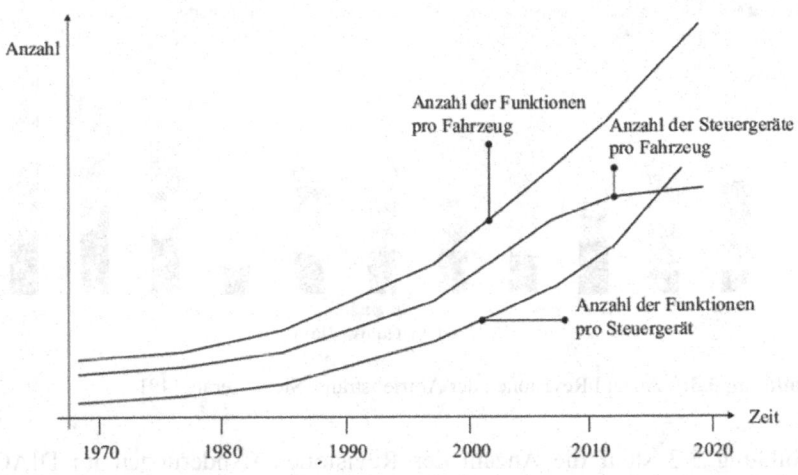

Abbildung 3.2: Entwicklung der Anzahl von Funktionen pro Fahrzeug, Steuergeräte pro Fahrzeug und Funktionen pro Steuergerät über die Zeit von 1970 bis 2020 [7]

Es wird zunehmend daran entwickelt zentrale Steuergeräte, sogenannte Hochleistungsrechner (HPCs), im Fahrzeug der Zukunft zu verbauen [48]. Auch hinsichtlich des steigenden Reifegrads von Assistenzsystemen für autonomes Fahren werden neue leistungsfähigere Architekturen und Bussysteme benötigt. Jede dieser Funktionen besitzt eine oder mehrere Parametrierungen in der dazugehörigen Datenbasis. Neben dem Beschreibungsformat A2L, welches alle Informationen über relevante Datenobjekte im Steuergerät wie Kenngrößen, reale und virtuelle Messgrößen enthält, liegt der Schwerpunkt dieser Untersuchung auf dem diagnosespezifischen Beschreibungsformat ODX. Wie in Kapitel 2.2.1 beschrieben, stellt der Standard ODX ein umfangreiches austauschbares Beschreibungsformat für Diagnosedaten dar.

Das Vererbungs- und Variantenkonzept eröffnet dem Entwickler viele Möglichkeiten für die Erstellung eines ODX-Datencontainers. Die Unterstützung der Parametrierung durch verschiedene Autorensysteme auf hoher Abstraktionsebene ermöglicht eine schnelle Anpassung und Änderung der Daten. Dieser Trend zur Vereinfachung, gepaart mit durchgängigen Entwicklungskonzepten (V-Modell), treiben die Anzahl der Datenänderungen zunehmend an.

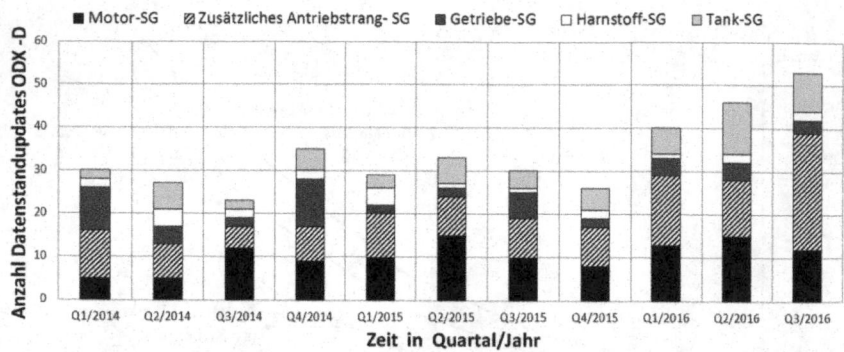

Abbildung 3.3:   Anzahl Revisionen der Antriebstrang-Steuergeräte [49]

Abbildung 3.3 stellt die Anzahl der Revisionen (Änderungen im DIAG-LAYER-CONTAINER) von fünf Steuergeräten eines Antriebstrangs, bezogen auf ein Quartal, im Zeitraum von Q1/2014 bis Q3/2016 quantitativ dar [49]. Der dargestellte Zeitraum umfasst die Fahrzeugentwicklung bis kurz vor SOP (Start of Production). Das Balkendiagramm umfasst Steuergeräte aus der oberen Fahrzeugmittelklasse. Durchschnittlich wurden pro Quartal ca. 34 Revisionssprünge durchgeführt. Im Jahresdurchschnitt sind pro Woche mindestens ein bis zwei Revisionssprünge des Datenstands vorgenommen worden. Charakteristisch ist die Zunahme der Anzahl der Datenstandupdates in Richtung SOP, welche zusätzlich in kürzeren Zeitintervallen erstellt wurden. Ein Revisionssprung pro Steuergerät kann wenig bis sehr viele Anpassungen, Fehlerkorrekturen und Erweiterungen umfassen. Folglich lassen sich nicht direkt der Umfang und die Tiefe der Änderungen angeben. Ein „kleiner" Revisionssprung umfasst exemplarisch die Anpassung der Berechnungsformel für Batteriespannung von Volt auf Millivolt oder die Korrektur eines Schreibfehlers im Beschreibungstext eines Diagnosedienstes. Der Änderungsaufwand und die Änderungstiefe (Datenstruktur) sind gering. Ein „großer" Revisionssprung umfasst exemplarisch das Hinzufügen von zwei neuen Steuergerätevarianten für 6-Zylinder- und 4-Zylinder-Motoren mit mehreren neuen Diagnosediensten, neuer Vererbungsstruktur und das Erweitern von Fehlerspeichereinträgen mit Fehlerumgebungsdaten. Hier ist der Änderungsumfang, insbesondere seitens der Entwicklung, wesentlich höher und die Änderungen in der Datenstruktur viel tiefgreifender. Das nachfolgende Kapitel 3.3 analysiert und beschreibt hierzu im Detail die verschiedenen Änderungen in den Datenbasen und die Folgen für das Diagnosesystem, die Diagnosedatenqualität und Messdatenqualität.

Abbildung 3.3 zeigt die Änderungsdynamik in der Entwicklung bis SOP. Die Entwicklung und Pflege von modernen Fahrzeugen gehen über den SOP oder die Serienreife hinaus. Abbildung 3.4 veranschaulicht den Produktlebenszyklus eines Fahrzeugs.

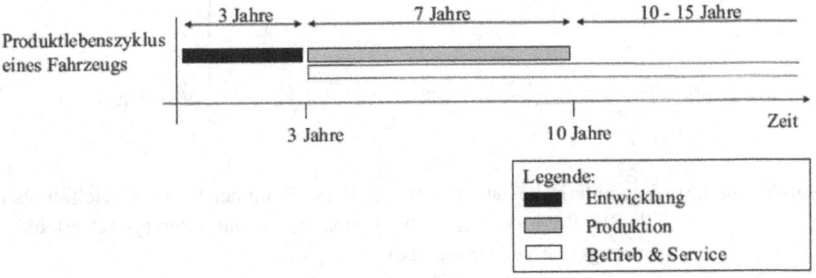

Abbildung 3.4: Produktlebenszyklus eines Fahrzeugs [7]

Die Entwicklung eines Fahrzeugs umfasst im Schnitt etwa drei Jahre, wohingegen die Produktion samt Betrieb und Service, je nach Fahrzeugmodell, über 20 Jahre dauern kann. Es ist von großem Interesse des Fahrzeugherstellers (OEM) bereits früh in der Entwicklung einen hohen Reifegrad der Steuergerätsoftware zu gewährleisten. Folgekosten, wie Rückrufaktionen oder Mängel im After-Sale, sind zu vermeiden. Die Konzeption und Entwicklung bis zum SOP legen den Grundstein der Softwarequalität für den Lebenszyklus des Produkts. Je höher der Reifegrad der Diagnosesoftware bzw. Diagnosedaten bereits in frühen Entwicklungsphasen, desto niedriger die Folgekosten für Hersteller, Zulieferer und Kunde.

Die Vielfalt der Fahrzeugbaureihen, Fahrzeugvarianten sowie Ausstattungsvarianten sind ein weiterer Schwerpunkt dieser Arbeit. Abbildung 3.5 zeigt schematische ODX-Datenbasen für vier verschiedene Steuergeräte (Tank, Batterie, Getriebe und Motor).

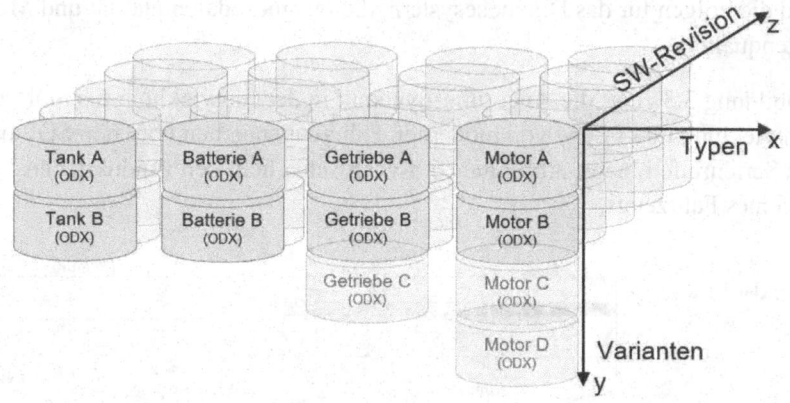

Abbildung 3.5: Exemplarische datenorientierte Darstellung der Variantenvielfalt über die SW-Revisionen (z-Achse), Steuergerätevarianten (y-Achse) und Steuergerätetypen (x-Achse)

Die Datencontainer sind über die drei Achsen Software-Revisionen (z-Achse), Steuergerätetypen (x-Achse) und Steuergerätevarianten (y-Achse) aufgetragen. Wie bereits dargelegt, stellen SW-Revision Anpassungen oder Erweiterungen von Diagnosebeschreibungen dar.

In z-Richtung zeigt Abbildung 3.5 die Menge der daraus entstehenden Datencontainer qualitativ. Die x-Richtung steht für Steuergerätetypen. Ein modernes Fahrzeug der Mittelklasse aus dem Baujahr 2022 mit erweiterter Ausstattung umfasst über hundert Steuergerätetypen. Zusätzlich stellt die y-Achse weitere Steuergerätevarianten pro Steuergerätetyp dar. Insbesondere Antriebssteuergeräte, wie die des Motors oder des Getriebes werden in verschiedenen Varianten als eigenständige Datenbasis oder Erweiterungen bestehender Datenbasen implementiert. Abbildung 3.5 zeigt in datenorientiert qualitativer Sichtweise eindrucksvoll die hohe Anzahl an verschiedensten Varianten, Typen und SW-Revisionen.

Zusammenfassend, stellt die Kombination von technologischem Fortschritt (Zunahme der Steuergerätfunktionen) gepaart mit der komplexen Vernetzung und sich dynamisch ändernden Datenstrukturen eine neue Herausforderung für den Produktzyklus eines Fahrzeuges dar. Das nachfolgende Kapitel baut auf den Informationen dieses Kapitel auf und zeigt in abstrahierter datengetriebener Systemsicht anschaulich weitere Herausforderungen von verteilten und asynchronen Diagnosedaten.

3.3 Lokale und remote Diagnosesystemarchitekturen

In der Literatur wird zwischen **lokaler Diagnose** (Test- oder Diagnosesoftware kommuniziert kabelgebunden mit fahrzeugseitigen Steuergeräten) und **remote Diagnose** auch genannt Ferndiagnose (Test- oder Diagnosesoftware kommuniziert über die Luftschnittstelle mit den fahrzeugseitigen Steuergeräten) unterschieden [50]. Im neuen Standard SOVD (Kapitel 2.2.3) steht die lokale Diagnose stellvertretend für den Begriff „Proximity" und die Ferndiagnose für den Begriff „Remote". Über die gesamte Wertschöpfungskette, von der Entwicklung bis zum After-Sales, erreicht die remote Diagnose einen immer höheren Stellenwert.

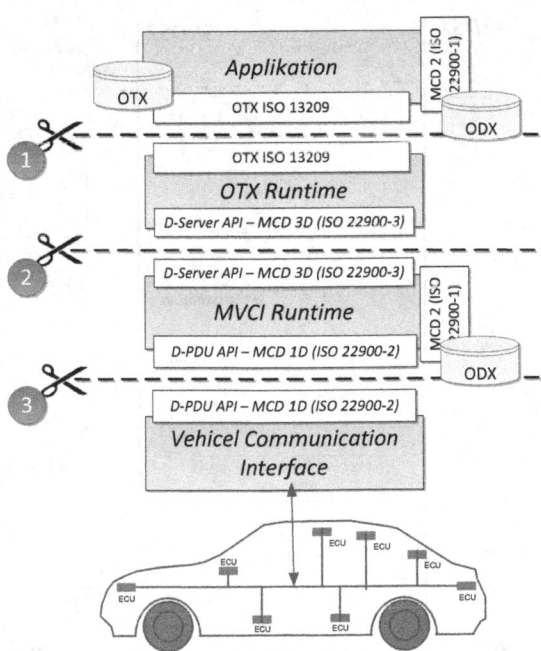

Abbildung 3.6: Modulare diagnostische Softwaremodule im Zusammenspiel als Off-Board-Diagnose-System

Abbildung 3.6 zeigt in Anlehnung an die Abbildung 2.6 aus Kapitel 2.1.3 das Off-Board-Diagnose-System nach dem Standard ASAM zur skriptbasierten Diagnose. Im Sinne der Datenaustauschbarkeit und funktionalen Modularisierung ermöglichen die standardisierten APIs die Trennung der einzelnen Softwarekomponenten. Abbildung 3.6 stellt diese als nummerierte Trennlinien von eins bis drei dar. Grundlegend basiert die Diagnosekommunikation auf drei Prinzipien: **synchrone, ereignisgetriebene** und **periodische Kommunikation** [51]. Alle drei Prinzipien benötigen ein synchrones Anfrage-Antwort-Paar, welches bei ereignisgetriebener und periodischer Kommunikation diese einleitet. Unter **synchroner Kommunikation** wird in der Informatik und Netzwerktechnik ein Kommunikationsmodus definiert, indem die Kommunikationspartner beim Senden oder beim Empfangen von Nachrichten oder Daten synchronisieren. Die Kommunikationspartner warten (blockieren), bis die Kommunikation abgeschlossen ist [52]. Im Gegensatz dazu wird **asynchrone Kommunikation** definiert als Modus, bei dem Senden und Empfangen von Nachrichten oder Daten zeitlich versetzt, ohne das Blockieren des Prozesses durch Warten auf Antwort des Empfängers durchgeführt wird [53].

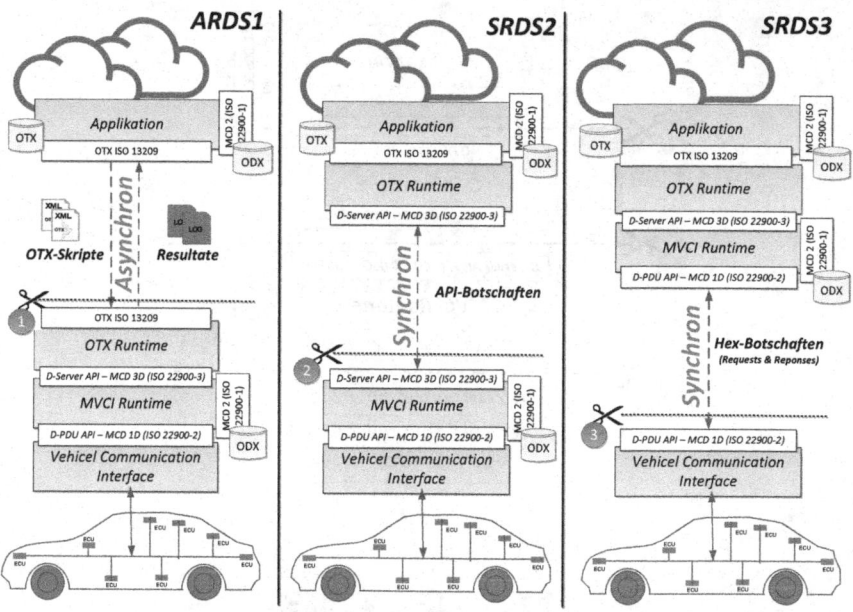

Abbildung 3.7: Aufteilungskonzepte für synchrone und asynchrone Remote-Diagnose
              bei Softwarearchitekturen in Anlehnung an [54]

Abbildung 3.7 stellt von links nach rechts Softwarearchitekturen mit verschiedenen Luftschnittstellen für synchrone und asynchrone remote Diagnose dar. Die Backend-Architekturen und Fahrzeug-Architekturen sind von oben nach unten durch eine Luftschnittstelle getrennt. In dieser wissenschaftlichen Ausarbeitung wird die Softwarearchitektur, unabhängig ob Backend oder Fahrzeug, als Off-Board-Diagnose beschrieben. Im Kontrast zu verschiedenen Konzepten aus der Literatur beinhalten alle nachfolgenden Betrachtungen keine Remote-Steuergeräte mit integrierten Diagnoselaufzeitsystemen [54].

Architekturtrennung an der gestrichelten **Linie 1** in Abbildung 3.7 steht für eine **asynchrone Remote-Diagnose-Variante (ARDS1)**. Das Backend ist als Diagnoseapplikation umgesetzt. Ein Beispiel für ein Autorensystem ist OTX-Studio der Softing AG zur standardkonformen Erstellung von OTX-Abläufen auf Basis von ODX-Beschreibungsdaten [31]. Diese Aufteilung der modularen Diagnosekomponenten ermöglicht den Austausch von OTX-Abläufen, welche fahrzeugseitig autark über einen Tester ausgeführt werden können. Diagnoseresultate können ganzheitlich in einem beliebigen Format an das Backend zurückgespielt werden. Dieser Austausch über die Luftschnittstelle verläuft ausschließlich asynchron. Die asynchrone Architektur ermöglicht ein effizientes Flottenmanagement über das „Push und Pull"-Verfahren [55]. Ermittelt das Laufzeitsystem im Fahrzeug ein Problem in Form eines Fehlerspeichereintrags oder Messwerts, so können die problembezogenen Daten direkt als Resultat an das Backend übermittelt werden („Push"). Umgekehrt kann ein Entwicklungsingenieur Steuergeräteupdates Over-The-Air veranlassen oder direkt OTX-Abläufe auf dem Diagnosesystem ausführen („Pull").

Die gestrichelten **Trennlinien 2 und 3** in Abbildung 3.7 zeigen zwei verschiedene Aufteilungsvarianten der **synchronen Remote-Diagnose-Variante (SRDS2 und SRDS3)**. Linie 2 teilt die Softwarearchitektur im Bereich der D-Server API. Folglich werden synchron über die Luftschnittstelle API-Botschaften („Funktionsaufrufe") ausgetauscht. Der synchrone Charakter (Blockieren und Warten) ist dem Applikationsinterface nach ISO 22900-3 geschuldet. Linie 3 teilt die Diagnosemodule im Bereich der D-PDU API. Die D-PDU API stellt die Fahrzeug-Kommunikationsschnittstelle dar. Über die Luftschnittstelle werden somit synchron hexadezimal Anfragen und Antworten (Request & Response) ausgetauscht. Exemplarischer Anwendungsfall ist das Szenario „Paralleles Remote-Software Update". Hierbei kommunizieren mehrere WLAN-fähige VCIs mit D-PDU Schnittstelle direkt mit dem serverseitigen D-Server [54].

Im Rahmen dieser Arbeit wurden die vorgestellten drei remote Diagnosearchitekturen prototypisch aufgebaut und nach verschiedenen Kriterien qualitativ bewertet. Ausgangspunkt dieser Betrachtung ist ein verteiltes Diagnosesystem.

Folgende Eigenschaften wurden auf Systemebene zum Vergleich betrachtet:

* Synchronität der Beschreibungs- und Ablaufdaten (Datenaktualität)
* Skalierbarkeit und Ressourcen (System)
* Zuverlässigkeit und Verfügbarkeit (Kommunikation)
* Wartbarkeit und Aktualisierbarkeit (System)

Die eingeführten Eigenschaften werden im Rahmen dieser Arbeit wie folgt definiert:

Synchronität der Beschreibungs- und Ablaufdaten (Datenaktualität)

Ein Diagnosesystem wird in Anlehnung an das nachfolgende Kapitel 3.5 „Verteilte Diagnosedaten im System" als synchron definiert, wenn die drei abstrahierten Datenquellen (Ablaufdaten, ODX-Daten und interne Steuergerätedaten) einen exakt übereinstimmenden Daten- oder Softwarestand besitzen.

Skalierbarkeit und Ressourcen (System)

Bereits Kapitel 3.2 stellt den Einfluss der zunehmenden Funktions- und Datenvariantenvielfalt auf die Qualität der Messdaten und Messresultate dar. Diagnosesysteme der Zukunft müssen einfach erweiterbar und skalierbar sein. Dieses Kriterium steht für die verfügbaren Ressourcen (Rechenleistung) und die Erweiterbarkeit der zugrundeliegenden Systeme (Skalierbarkeit).

Zuverlässigkeit und Verfügbarkeit (Kommunikation)

Diese Eigenschaften adressieren ganzheitlich die diagnostischen Kommunikationsstrecken. Zusätzlich, zur konduktiven Verbindung vom VCI (Vehicle Communication Interface) zur Schnittstelle am Fahrzeug (DoCAN oder DoIP), spielt die Kommunikationsstrecke über die Luftschnittstelle eine entscheidende Rolle für das System. Die Zuverlässigkeit und Verfügbarkeit der Diagnosekommunikation im remote Anwendungsfall unterscheidet sich je nach gewähltem Aufteilungskonzept.

Wartbarkeit und Aktualisierung (System)

Abhängig von der Verteilung der diagnostischen Softwarebausteine ist die Wartung und Aktualisierung eine essentielle Herausforderung für ein remote System. Die Eigenschaften Wartbarkeit und Aktualisierung beschreiben den Aufwand und die Komplexität, Systeme zu überwachen und zu pflegen.

Der Zugang zu einem Cloudsystem ist z.b. einfacher und schneller als der Zugang zur Diagnosesoftware im Fahrzeug.

Die drei remote Diagnosearchitekturen (Abbildung 3.7) ARDS1, SRDS2 und SRDS3 wurden in **Tabelle 3.1** anhand von vier Eigenschaften bewertet. Als Bewertungsskala wurde ein vierstufiges, qualitatives System gewählt (sehr schlecht, schlecht, gut, sehr gut).

Tabelle 3.1: Qualitative Bewertung von drei remote Diagnosearchitekturen für vier Eigenschaftsgruppen

	Synchronität Daten	Skalierbarkeit & Ressourcen	Zuverlässigkeit & Verfügbarkeit	Wartbarkeit & Aktualisierung
ARDS1	⊖ ⊖	⊖	⊕ ⊕	⊖
SRDS2	⊖	⊖	⊖	⊖
SRDS3	⊕ ⊕	⊕ ⊕	⊖ ⊖	⊕

(⊖ ⊖ = sehr schlecht, ⊖ = schlecht, ⊕ = gut, ⊕ ⊕ = sehr gut)

ARDS1 und SRDS2 werden im Vergleich zum System SRDS3 in den drei Eigenschaften Daten-Synchronität, Skalierbarkeit/Ressourcen und Systemwartbarkeit qualitativ wesentlich schlechter bewertet. Insbesondere die Verteilung der Beschreibungsdaten verringert die Messdatenqualität stark. Unzureichende Datenaktualität, gepaart mit der steigenden Komplexität in der Entwicklung erzeugen unvorhersehbare Fehler und daraus resultierend einen niedrigen Reifegrad der Daten. Kapitel 3.5.1 veranschaulicht exemplarisch verschiedene kritische Diagnosepfade. ARDS1 und SRDS2 tauschen zwischen Backend (Cloud) und Prüfling (Fahrzeug) entweder vollständige diagnostische Skriptabläufe oder abstrahierte Funktionsaufrufe (API-Botschaften) aus. SRDS3 hingegen basiert auf dem Austausch von diagnostischen Anfragen und Antworten auf synchronen Kommunikationsebenen. Erfahrungen im Feld haben gezeigt, dass synchrone remote Diagnosesysteme aufgrund von unzureichender Netzabdeckung oder hohen Latenzen in der Praxis schwer darstellbar sind. In **Tabelle 3.1** wird die Eigenschaftsgruppe Zuverlässigkeit und Verfügbarkeit für beide synchrone Architekturen schlecht bis sehr schlecht bewertet (SRDS2 und SRDS3). Hintergrund dieser Bewertung ist der synchrone Charakter dieser Architekturen. Zusammengefasst stellen alle beschriebenen Diagnosevarianten Herausforderungen in mindestens einer Eigenschaft dar.

Der Schwerpunkt dieser Ausarbeitung liegt auf der Erhöhung der diagnostischen Resultatqualität. Die Eigenschaften **Zuverlässigkeit, Verfügbarkeit und Synchronität** der Diagnosedaten stehen somit im Fokus. In Kapitel 4.4 „Asynchrone Remotekommunikation" wird auf Basis der angeführten Analyse und Bewertung ein neues hybrides remote Diagnosesystem aus den Varianten ARDS1 und SRDS2 vorgeschlagen.

3.4   Herausforderungen im ODX-Datenmodell

Die wichtigsten Aspekte des Datenmodells aus der ISO 229001-1 sind im Grundlagenkapitel der standardisierten Off-Board-Diagnose 2.2.1 beschrieben. Bereits das Kapitel 2.2.1.2 „Vererbung mit Referenzen" zeigt anschaulich einen Teil der Herausforderungen für die Hierarchie der Diagnosedienste eines Türsteuergerätes. Untersuchungen im nachfolgenden Kapitel zeigen weitere Herausforderungen auf, welche direkt oder indirekt das Fahrzeugdiagnosesystem beeinflussen.

3.4.1   Mangelhafte Änderungsverfolgung

Das Grundlagenkapitel 2.2.1.1 beschreibt den Datenbereich „ADMIN-DATA" im Datenmodell für die Dokumentation und Verfolgung von Änderungen. Das „ADMIN-DATA" Element definiert Informationen wie eine Revisionsnummer, ein Änderungsdatum, Beschreibung der Änderung, Grund der Änderung, Name der Person sowie weitere Inhalte als Freitext. Bis auf einen „TEAM-MEMBER-REF" sieht das Datenmodell keine technischen Referenzen zu Dateninhalt oder Änderungsinhalt vor. Vorgenommene Anpassungen oder Ergänzungen in der Beschreibungsdatei, wie z.B. das Hinzufügen neuer Diagnosedienste oder das Ändern von Umrechnungsparametern, können nur als „Prosa Text" beschrieben werden. Der Detailgrad und der Inhalt der „Prosa Texte" kann stark unterschiedlich sein und folgt in der Regel keinem eindeutigen Schema. Der ODX-Standard ist als offenes Austauschformat für die gesamte Wertschöpfungskette definiert. Abbildung 3.8 zeigt exemplarisch zwei fiktive Datenstandrevisionen in der ODX-Beschreibungsdatei eines Dieselmotorsteuergerätes auf Basis von Erfahrungswerten aus der Fahrzeugentwicklung. Die XML-Knoten „Modifications" beschreiben die Änderung (CHANGE) und die Ursache (REASON) in Form eines Freitextes. Die Revision 00.01.40 beschreibt die Änderung von zwei Diagnosediensten (Vehicel_raw_speed und Eng_Temp). Aus dem Fließtext geht nicht eindeutig hervor, welche Änderungen welche Dienste betreffen. Die Ursache der Änderungen besitzt keine Aussagekraft. Ähnlich sicht es für die nachfolgende Revision 00.01.25 aus, es ist nicht möglich eindeutig zu bestimmen, welche Diagnosedienste angepasst wurden. Zusätzlich passen die Ursachen der Anpassungen nicht zu den Diagnosediensten aus dem XML-Tag CHANGE.

```
<ADMIN-DATA>
    <LANGUAGE>de-DE</LANGUAGE>
    <DOC-REVISIONS>
        <DOC-REVISION>
            <TEAM-MEMBER-REF ID-REF="CD.CompanyXYZ"/>
            <REVISION-LABEL>00.01.40</REVISION-LABEL>
            <STATE>draft</STATE>
            <DATE>2022-04-07T10:03:00+02:00</DATE>
            <TOOL>ODXStudio 8.0 SP 1 Patch 2 Standard</TOOL>
            <MODIFICATIONS>
                <MODIFICATION>
                    <CHANGE>
                        Korrektur Vehicle_raw_speed; Berechnung im Diagno.
                        Datentypaenderung fuer Eng_Temp
                        Einheit von km/h auf m/s + Umrechnungsfaktor ange|
                    </CHANGE>
                    <REASON>Diagnosedienst Eng_Temp - Korrektur</REASON>
                </MODIFICATION>
            </MODIFICATIONS>
        </DOC-REVISION>
        <DOC-REVISION>
            <TEAM-MEMBER-REF ID-REF="CD.CompanyA"/>
            <REVISION-LABEL>00.01.25</REVISION-LABEL>
            <STATE>draft</STATE>
            <DATE>2022-03-07T11:13:00+02:00</DATE>
            <TOOL>ODXStudio 8.0 SP 1 Patch 2 Standard</TOOL>
            <MODIFICATIONS>
                <MODIFICATION>
                    <CHANGE>
                        Anpassung Berechnungsmethode für Diagnose Motorter
                        Anpassungen Fehlerspeicher Umgebuungsdaten Ref-ID
                    </CHANGE>
                    <REASON>Anpassung der Kennlinie im Motorkennfeld</REASON>
                </MODIFICATION>
            </MODIFICATIONS>
        </DOC-REVISION>
    </DOC-REVISIONS>
</ADMIN-DATA>
```

Abbildung 3.8 Auszug ODX-XML Knoten „ADMIN-DATA" für zwei Datenrevisionen im ODX

Eine Herausforderung, die durch dieses Konzept zusätzlich entstehen kann, sind ungenaue oder unvollständige ADMIN-DATA. Untersuchungen zeigen, dass ungenaue „ADMIN-DATA" im Fehlerfall der Diagnose oder bei unplausiblen Messdaten als Informationsquelle oft unzureichend sind.

Insbesondere in der frühen Fahrzeugentwicklung, bei niedrigen Reifegraden der Software, kommen fehlende, unplausible oder fehlerhafte Messresultate vermehrt vor. Das Prinzip der Änderungsverfolgung stellt in der Theorie einen idealen grundlegenden Mechanismus dar, diese Fehler schnell und effizient zu identifizieren. Im Verlauf dieser Arbeit wird ein strukturelles und inhaltliches Ähnlichkeitsverfahren vorgestellt, welches die ADMIN-DATA ersetzt.

3.4.2   ODX als „Single Point Of Truth"

Alle Diagnosesysteme entsprechen immer einem **Single-Source-Prinzip**. Single-Source oder auch in der Softwaretechnik mit Single Point Of Truth (SPOT) oder Single Source of Truth (SSOT) bekannt, stellt ein Prinzip dar, welches besagt einen allgemeingültigen Datenbestand zu haben. Dieser Datenbestand hat einen Anspruch **auf Korrektheit, Zuverlässigkeit und Verlässlichkeit** im Sinne der Vollständigkeit der Daten [56]. Dieses Unterkapitel legt dar, was das SPOT-Prinzip auf Daten- und Systemebene für die Qualität von diagnostischen Messresultaten in der Entwicklung bedeutet.

Ein diagnostisches Laufzeitsystem benötigt für das erfolgreiche Aufbauen der Diagnosekommunikation (Logical-Link) mit einem Steuergerät, neben physikalischen oder funktionellen Steuergeräteparametern, das sogenannte **Diagnose-Pattern**. Es wird zwischen Basis und Varianten Pattern unterschieden. Eine ODX-Beschreibungsdatei enthält in der Regel mehrere Steuergerätevarianten und zwingend die Basis-Variante. Zur Diagnoselaufzeit kann nur mit einer Variante kommuniziert werden. Grund hierfür ist, dass alle Varianten die gleiche physikalische Adresse besitzen.

Für eine erfolgreiche Diagnose mit einem Steuergerät wird Wissen über die Fahrzeugarchitektur vom Anwender vorausgesetzt. Auf dieser Basis (physikalische Parameter) wird die diagnostische Variantenidentifikation durchgeführt. Jede ODX-Datenbasis definiert mindestens einen oder mehrere MATCHING-PARAMETER. Diese Parameter verweisen über Shortname-Referenzen (SN-Refs) auf einzelne oder mehrere Diagnosedienste (DIAG-

COMMs). Diese DIAG-COMMs müssen der Diagnose-Klasse „VARIANTI-DENTIFICATION" angehören und werden beim initialen Prozess der Variantenidentifikation an die physikalische Adresse des Zielsteuergerätes gesendet. Das Diagnoselaufzeitsystem vergleicht die Antworten mit dem erwarteten Rückgabewert (EXPECTED-VALUE) und dem definierten Parameter (OUT-PARAM-IF), um eindeutig die Steuergerätvariante zu identifizieren. Abbildung 3.9 zeigt auf der linken Hälfte schematisch die Variantenidentifikation nach ISO22901-1:2008 für „ECU-VARIANT-PATTERN" als diagnostische Schichtstruktur in UML-Darstellung. Die Darstellung für „ECU-BASE-PATTERN" ist äquivalent, wird jedoch in der Praxis nicht angewendet. Bereits beim initialen Erstellen einer ODX-Datenbasis wird direkt eine ECU-Variante implementiert. Zusätzlich fungiert die Basis-Variante als Grundlage der Bedatung für alle ECU-Varianten (Vererbung, Nicht-Vererbung). Schlägt diese initiale Identifikation fehl, nutzt das Laufzeitsystem die Basis-Variante des Steuergerätes als Datenbasis.

Die rechte Hälfte der Abbildung 3.9 zeigt eine erfolgreiche Variantenidentifikation mit dem Matching-Diagnosedienst **IdentificationRead,** sowie zwei Matching-Parametern **SupplierIdentification** und **DiagnosticVersion**. Die positive Response 0x62 FA01 16 8003 entspricht dem Pattern2 der ECU_Variante2.

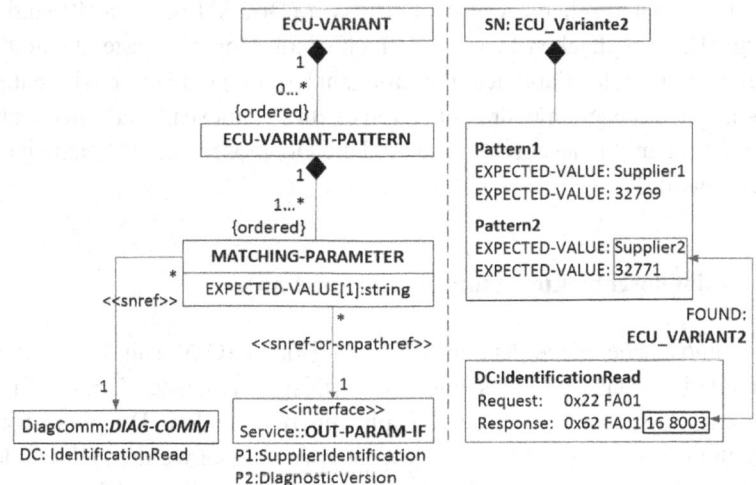

Abbildung 3.9: UML-Darstellung des Datenmodells der Variantenidentifikation nach ISO22901-1 für ECU-Varianten (rechts). Schematischer Ablauf einer Variantenidentifizierung für ECU_Variante2 mit zwei Pattern

Nachdem die Steuergerätevariante im Diagnoselaufzeitsystem bekannt ist, können die Diagnoselaufzeitobjekte, unter Berücksichtigung der Vererbung, Überladung und Spezialisierung der Diagnosedienste mit ID-Refs, eindeutig aufgelöst werden (Kapitel 2.2.1.2). Zusammengefasst folgt die Variantenidentifikation dem SPOT-Prinzip, zur Laufzeit kann es nur eine gültige Variante geben. Weiterführend existiert zur Laufzeit ein gültiger Diagnosedatensatz als Untermenge der ODX-Datenbasis. Die folgenden Herausforderungen resultieren aus dem Prozess der Variantenerkennung nach ISO22901-1.

Fehlerhafte Variantenidentifikation und physikalische Adresse:

Kapitel 3.1 zeigt in Abbildung 3.3 anschaulich die Dynamik der ODX-Datenstandupdates. Anpassungen, die einen Major-Release der Software benötigen, werden auf ODX-Ebene als neue ECU-Variante umgesetzt. Weitere Anpassungen können auch das Entfernen bzw. Ersetzten von bestehenden ECU-Varianten umfassen. Untersuchungen haben gezeigt, dass im verteilten Diagnosesystem diese Änderungsdynamik zu fehlerhaften Variantenidentifikationen führt. Schlägt der Prozess der Identifikation fehl, greift das Laufzeitsystem auf die Basis-Variante des Steuergerätes zurück. Die Kommunikation mit einem Steuergerät auf der Datengrundlage der Basis-Variante führt zwangsläufig zu unvollständigen oder fehlerhaften Diagnoseresultaten. Der Datensatz einer Basis-Variante spezifiziert keine eindeutige Diagnosevariante eines Steuergerätes. Die physikalischen Steuergerätadressen (DoCAN oder DoIP) sind für Steuergeräte vom gleichen Typ (z.B. verschiedene Motorsteuergeräte) äquivalent. Im Fehlerfall der Variantenerkennung, in Kombination mit uneindeutigen physikalischen Steuergerätadressen, kann es zur Diagnose mit falschen Datenquellen kommen. In diesem Szenario sind die Diagnoseresultate gänzlich oder teilweise invalide.

3.4.3 Diagnoseobjekte – Statisch und zur Laufzeit

Eine diagnostische Steuergerätebeschreibungsdatei (ODX) umfasst heutzutage hunderte bis tausende Messfunktionen (Diagnosedienste). Übliche Praxis ist es, dass Umrechnungsformeln, Einheiten oder andere Diagnoseobjekte mehrfach in verschiedenen Diagnosediensten verwendet werden. Hierzu definiert der Standard eine Methode zum Wiederverwenden von Objekten über **Referenzen**. Kapitel 2.2.1.2 „Vererbung mit Referenzen" beschreibt die grundlegenden Mechanismen mit „ID-Refs" und „SN-Refs".

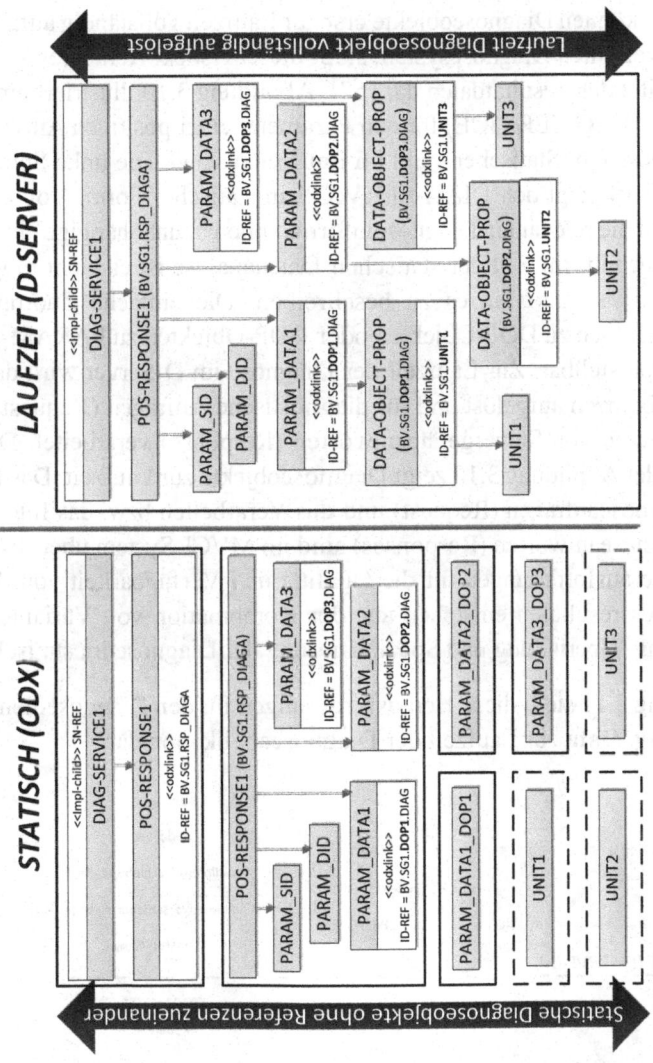

Abbildung 3.10: Statische- und Laufzeit-Diagnoseobjekte (DIAG-SERVICE1) für positive Antwort (POS-RESPONSE) dargestellt als Klassendiagramm

Das vorangegangene Kapitel ODX als „Single Point Of Truth" zeigt den Einsatz von Referenzen für die Variantenidentifikation. Einerseits reduziert das Konzept der Redundanzfreiheit die Datengröße (ODX) um ein Vielfaches, andererseits können Diagnoseobjekte erst zur Laufzeit vollständig aufgelöst werden. Im verteilten Diagnosesystem stellt dieser Aspekt Herausforderungen für die Qualität der Resultatdaten dar [57]. Abbildung 3.10 illustriert ein Diagnoseobjekt (DIAG-SERVICE) für den Parameter einer positiven Antwort (POS-RESPONSE) im Statischen- und im Laufzeitzustand. Die linke Seite der Abbildung 3.10 zeigt den DIAG-SERVICE in statischer Form. Von oben nach unten sind die relevanten Diagnoseinformationen in unabhängige einzelne Objekte aufgeteilt. Im Fall der statischen Datenanalyse ist es nicht möglich den Diagnosedienst als Ganzes zu beschreiben. Die einfache Zuordnung von UNIT-Objekten zu DOP-Objekten oder DOP-Objekten zu PARAM-Objekten ist nicht darstellbar. Zur Laufzeit der Diagnose im D-Server wird das Objekt über Referenzen aufgelöst und für diagnostische Anfragen (Request) und das Interpretieren von Steuergeräteantworten (Response) verarbeitet. Der rechte Bereich der Abbildung 3.10 zeigt Diagnoseobjekte zur Laufzeit. Das Erzeugen von Diagnoseanfragen (Request) und das Verarbeiten bzw. das Interpretieren von Diagnoseantworten (Responses) sind im MVCI-System über SN-Ref realisiert. Herausforderungen für die Qualität und Verfügbarkeit von diagnostischen Messresultaten entstehen aus der Kombination von Variantenvielfalt, Vererbung, Überladung und Spezialisierung der Diagnose im statischen Fall.

Abbildung 3.11 stellt diese Herausforderungen für den Diagnosedienst **Gang-Schaltung_Data** zur Laufzeit der Diagnoseapplikation dar.

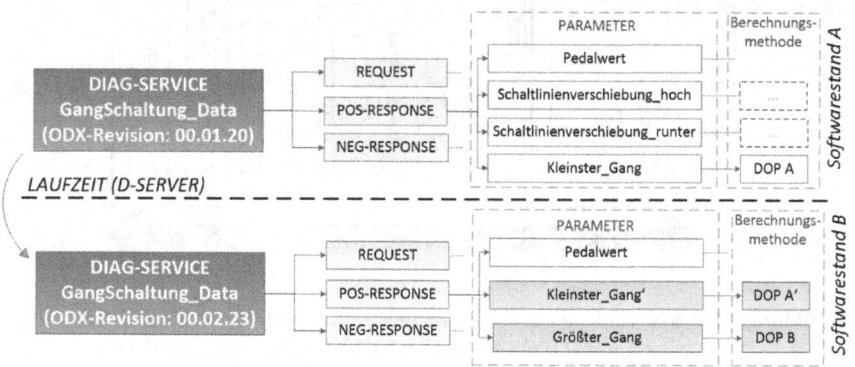

Abbildung 3.11: Statische- und Laufzeit-Diagnose für den DIAG-SERVICE GangSchaltung_Data für unterschiedliche ODX-Revisionen

Von Revision 00.01.20 (oben) auf 00.02.23 (unten) wurde der Parameter „Kleinster_Gang" für die positive Antwort in der Berechnungsformel (Data-

Object-Propertie) geändert. Zusätzlich wurde der Parameter „Größter_Gang" hinzugefügt und zwei weitere Parameter „Schaltlinienverschiebung_hoch" und „Schaltlinienverschiebung_runter" entfernt. Diese umfangreichen Änderungen können erst zur Laufzeit vollständig aufgelöst und identifiziert werden. Die Konsequenzen der unzureichenden Möglichkeit der statischen Datenauflösung sind unvollständige oder invalide Messresultate. Das nachfolgende Kapitel 3.5 zeigt welche Folgen entstehen und diskutiert verschiedene Diagnoseszenarien im remote Diagnosesystem.

3.5 Verteilte Diagnosedaten im System

Ein Diagnosesystem besteht aus einem komplexen Zusammenspiel von Softwarekomponenten, Hardware, Datenbasen und Konfigurationen. Die folgenden Untersuchungen beschränken sich auf Diagnose- und Ablaufdaten mit Abhängigkeiten in den Laufzeitsystemen. Das in Kapitel 2.2.1 vorgestellte Software-Architekturmodell nach ISO 22900 wird erstmalig in ein abstrahiertes Daten- und Systembild überführt [49]. Abbildung 3.12 zeigt im oberen Bereich eine vereinfachte Systemansicht zur Laufzeit der Diagnoseausführung. Als Beispiel wurde das Auslesen der Motordrehzahl über ein skriptbasiertes Off-Board-Diagnosesystem gewählt.

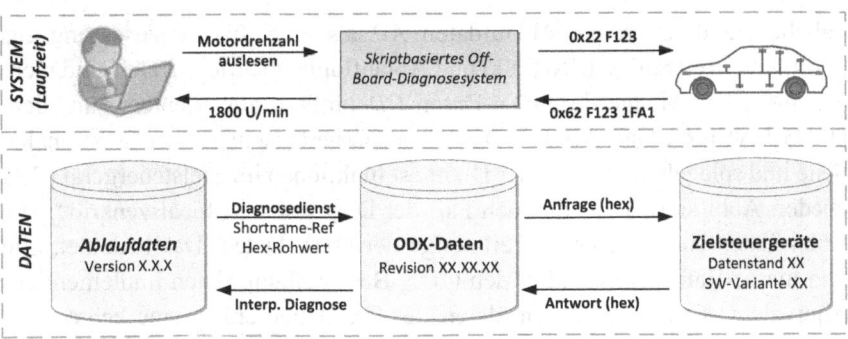

Abbildung 3.12: Schematische Darstellung der Off-Board-Diagnose aus verteilter Daten- und Systemsicht (Laufzeit)

Der untere Bereich in Abbildung 3.12 zeigt das System in abstrahierter Datensicht. Das Diagnosesystem ist in **drei** unabhängige Datenbasen aufgeteilt. Eine

Änderung der ODX-Daten (Mitte) hat z.B. keinen direkten Einfluss auf die Fahrzeugdaten oder Ablaufdaten. Äquivalent hat die Anpassung der Fahrzeugdaten oder Ablaufdaten keinen Einfluss auf die anderen Datenquellen. Die **diagnostischen Ablaufdaten (links)** beinhalten Parametrierungen verschiedener Diagnoseskripte in Form von Shortname-Referenzen oder direkten hexadezimalen Diagnose-Anfragen. Ablauflogik und weitere Daten werden in diesem Modell nicht betrachtet. Im mittleren Bereich stehen **ODX-Daten** (Kapitel 2.2.1). ODX-Daten halten variantenübergreifende Steuerätediagnosen in einer heterogenen Struktur bereit. Abbildung 3.12 zeigt auf der rechten Seite die im **Steuergerät enthaltenen Datenstände** und zu Grunde liegenden diagnostischen Funktionen (SW-Varianten der Diagnosedaten). Ein ideales Diagnosebild zeigt Abbildung 3.13 in Mengendarstellung. Die drei Diagnosemengen sind wie folgt definiert:

Tabelle 3.2:   Mengendefinitionen für die abstrahierten Ablauf-, ODX- und Steuerätdaten

Diagnosedaten	Abkürzung	Mengendefinition
Ablaufdaten	AD	$AD \in \{SN\ Refs\}$
ODX-Daten	OD	$OD \in \{DIAG\ LAYER\ CONTAINER\}$
Zielsteuergerät	SD	$SD \in \{SG\ Functions\}$

Tabelle 3.2 definiert die Ablaufdaten AD als eine Zusammensetzung aus Shortname-Referenzen (SN-Refs) und Ablauflogik, die Meta-Daten sind nicht enthalten. Die Menge der ODX-Daten OD umfasst alle Elemente aus dem DIAG-LAYER-CONTAINER. Das Zielsteuergerät steht auf der funktionalen Seite und spiegelt die Menge der Diagnosefunktionen im Zielsteuergerät (SD) wieder. Abbildung 3.13 zeigt den Fall der Diagnose als „Idealszenario". Die Ablaufdaten sind eine echte Teilmenge der ODX-Daten. Das bedeutet, alle Shortname-Referenzen sind in den ODX-Beschreibungsdaten implementiert. Äquivalent, sind die Funktionsdaten des Zielsteuergerätes eine echte Teilmenge der ODX-Daten. Das Verhältnis zwischen Ablaufdaten und Zielsteuergerätedaten stellt in der Abbildung eine Schnittmenge dar. Ablaufdaten werden in der Regel variantenübergreifend ausgelegt. Das Zielsteuergerät besitzt zur Laufzeit der Diagnose exakt eine Steuergerätevariante.

Die Vereinigungsmenge der Ablauf- und Zielsteuergerätedaten ist zusätzlich eine echte Teilmenge der ODX-Daten. Abbildung 3.13 zeigt ein Diagnosesystem mit aktuellen und synchronen verteilten Daten. Das Verhältnis der vorgestellten drei Diagnosemengen variiert im realen Fall (Entwicklung) oft und stark.

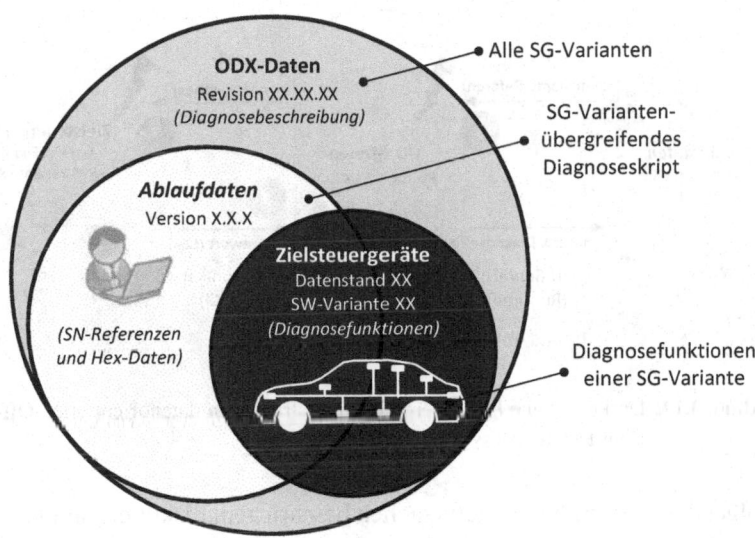

Abbildung 3.13: Idealbild der abstrahierten Diagnosedaten in Mengendarstellung für ein Diagnosesystem in Anlehnung an Abbildung 3.12

Die nachfolgenden Kapitel untersuchen mögliche Fehlerpfade im Diagnosesystem. Die daraus resultierenden Folgen für das Gesamtsystem werden in vereinfachter datengetriebener Darstellung aufgezeigt und diskutiert.

3.5.1 Kritische Diagnosepfade (Messdatenverfügbarkeit)

ODX-Datenanalysen und Untersuchungen an Testobjekten haben gezeigt, dass verschiedene Kombinationen von Fehlern im Diagnosesystem auftreten können [58]. Der Fokus dieser Untersuchungen liegt auf fünf Steuergeräten des Antriebsstranges eines Serienfahrzeuges der oberen Mittelklasse. Zusätzlich wurden Entwicklungsdatensätze (ODX-Revisionen) der Antriebssteuergeräte im Zeitraum von drei Jahren bis SOP für die Analyse ganzheitlich ergänzt [49]. Insgesamt wurden drei Ursachen identifiziert, die einen negativen Einfluss auf die Qualität der Messresultate besitzen. Abbildung 3.14 illustriert drei Fehlerursachen im Diagnosesystem schematisch.

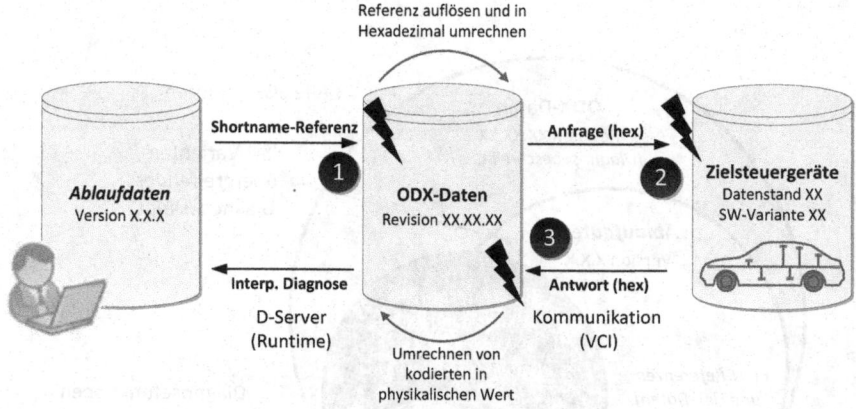

Abbildung 3.14: Drei mögliche Fehlerbereiche im abstrahierten datenorientierten Off-Board-Diagnosesystem

Im Folgenden werden die Fehlerursachen beschrieben, diskutiert und tabellarisch nach Auftrittswahrscheinlichkeit bewertet. Diese Bewertung der Wahrscheinlichkeit wird mit dem Symbol P_{fail} abgekürzt und umfasst insgesamt fünf Stufen der Auftrittswahrscheinlichkeit (sehr gering, gering, mittel, hoch und sehr hoch).

Tabelle 3.3:   Fehlerauftrittswahrscheinlichkeit P_{fail} mit Qualitätsstufen

	Qualitätsstufen	Anteil der gemittelten Fehler pro Diagnoseausführung [%]
	sehr gering	$P_{fail} < 1\,\%$
	gering	$1\,\% < P_{fail} < 10\,\%$
Auftrittswahrscheinlichkeit P_{fail}	**mittel**	$10\,\% < P_{fail} < 45\,\%$
	hoch	$45\,\% < P_{fail} < 75\,\%$
	sehr hoch	$75\,\% < P_{fail}$

Tabelle 3.3 zeigt die Definition der Qualitätsstufen für den Anteil der gemittelten Fehler pro Diagnoseausführung.

3.5.1.1 Ablaufdaten mit Referenzen

Im Folgenden wird der Punkt 1 aus Abbildung 3.14 analysiert. Unabhängig von der verwendeten Skriptsprache und dem Laufzeitsystem basieren Diagnoseabfolgen auf dem Referenzkonzept (Kapitel 3.2.3). Ein Diagnoseskript besteht aus einer Abfolge von Referenzen (SN-Refs oder ID-Refs) auf verschiedene Diagnoseobjekte eines ODX-Containers. Diese Datencontainer werden in der Entwicklung häufig geändert, erweitert oder optimiert. Über die Laufzeit werden Referenzen auf Diagnoseobjekte sowie Bestandteile (DOPs, Parameter, Einheiten, Diagnosedienste, usw.) angepasst. Abbildung 3.15 zeigt am Beispiel des Diagnosedienstes „GangSchaltung_Diag" den Fall einer falschen oder fehlenden Shortname-Referenz.

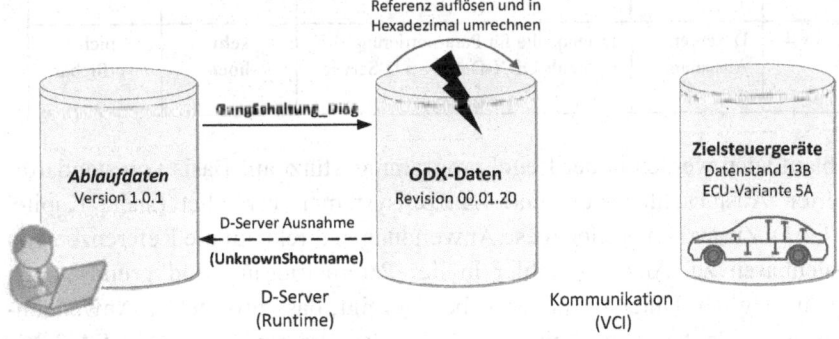

Abbildung 3.15: Diagnosedienst „GangSchaltung_Diag" zur Laufzeit im abstrahierten datenorientierten Off-Board-Diagnosesystem für den Fehlerfall „fehlende ODX-Referenz in den ODX-Daten"

Als Ausnahme gibt das Laufzeitsystem (D-Server) direkt „UnknownShortname" zurück. Das Auflösen der Referenz im D-Server ist nicht möglich, da die aktuell verbundene Steuergerätvariante (ECU-Variante 5A) keinen Diagnosedienst „GangSchaltung_Diag" definiert. Als Folge stehen dem Anwender keine diagnostischen Messresultate zur Verfügung. Tabelle 3.4 zeigt in vier Szenarien (SA.1 bis SA.4) die Fehlerursachen und die qualitative Auftrittswahrscheinlichkeit $P_{fail,A}$ fehlerhafter Resultatdaten im Untersuchungsraum.

Szenario SA.1 umfasst Fehler bei der Parametrierung der Ablaufdaten mit einer Fehlerauftrittswahrscheinlichkeit $P_{fail,SA.1} = gering$.

Tabelle 3.4:   Szenarien für fehlerhafte Anfrage-Referenzen in den Ablaufdaten mit Fehlertyp, Ursache, Fehlerauftrittswahrscheinlichkeit $P_{fail,A}$ und Resultatverfügbarkeit.

	Fehlerhafte Anfrage-Referenzen			
	Fehlertyp	**Ursache**	$P_{fail,A}$	**Resultate**
SA.1	D-Server Ausnahme	Anwenderfehler Parametrierung Ablaufdaten	gering	nicht verfügbar
SA.2	D-Server Ausnahme	Fehler im Laufzeitsystem des Diagnoseablaufs (z.B. OTX-Runtime)	sehr gering	nicht verfügbar
SA.3	D-Server Ausnahme	Datenquelle für Parametrierung älter als ODX-Daten im D-Server.	hoch	nicht verfügbar
SA.4	D-Server Ausnahme	Datenquelle für Parametrierung neuer als ODX-Daten im D-Server	sehr hoch	nicht verfügbar

Ablaufdaten werden in der Regel programmgestützt auf Basis von standardisierten Austauschformaten und Laufzeitsystemen verwaltet (siehe Kapitel 2.2.2.1). Zusätzlich greifen diese Anwendungen direkt auf die Referenzen von Datenbasen zu. Anwenderfehler in der Parametrierung sind grundsätzlich kaum möglich. Untersuchungen haben gezeigt, dass proprietäre Anwendungen zur Ablauferstellung eine mögliche Ursache sind. **Szenario SA.2** beschreibt den Fall, wenn Fehler im Laufzeitsystem der diagnostischen Ausführung auftreten. Hierbei muss zwischen standardisierten und proprietären Laufzeitsystemen unterschieden werden. Die Wahrscheinlichkeit des Auftretens eines Fehlerfalls eines proprietären Systems ist hier wesentlich höher als im standardisierten Fall. Daraus leitet sich eine Auftrittswahrscheinlichkeit von $P_{fail,SA.2} = sehr\ gering$ ab. Die **Szenarien SA.3 und SA.4** stehen für die Fehlerpfade, wenn die Aktualität der Datenquelle der Parametrierung nicht zur Datenquelle des D-Servers passt. Die Auftrittswahrscheinlichkeit für das Szenario SA.3 wurde mit $P_{fail,SA.3} = hoch$ und das Szenario SA.4 mit $P_{fail,SA.4} = sehr\ hoch$ eruiert. Die Aktualität der Datenquellen spielt eine entscheidende Rolle für die Qualität und Verfügbarkeit der Messresultate. Insbesondere der Fall SA.4 kommt in der Entwicklung oft vor, da Ablaufdatensätze im Vergleich zu ODX-Daten zentralisiert verwaltet werden können. In den vier beschriebenen Diagnoseszenarien sind keine Resultatdaten verfügbar (Tabelle 3.4 ,Spalte 5).

3.5.1.2   Diagnostische Steuergerätfunktionen

Im Folgenden wird der Punkt 2 aus Abbildung 3.14 beschrieben. Die Diagnoseanfrage wurde erfolgreich vom Diagnoselaufzeitsystem (D-Server) verarbeitet und in eine rohe Hexadezimalanfrage umgewandelt und an das Zielsteuergerät gesendet. Abbildung 3.16 zeigt im oberen Bereich eine erfolgreiche Anfrage für den Diagnosedienst „Drehzahl_Soll" mit Anfrageparametern zum Stellen der Motordrehzahl. Im unteren Bereich wird der Diagnosedienst „GangSchaltung_Diag" zum einfachen Auslesen verschiedener Getriebeparameter dargestellt. In beiden Szenarien konnte die diagnostische Anfrage über das VCI ans Zielsteuergerät abgesetzt werden.

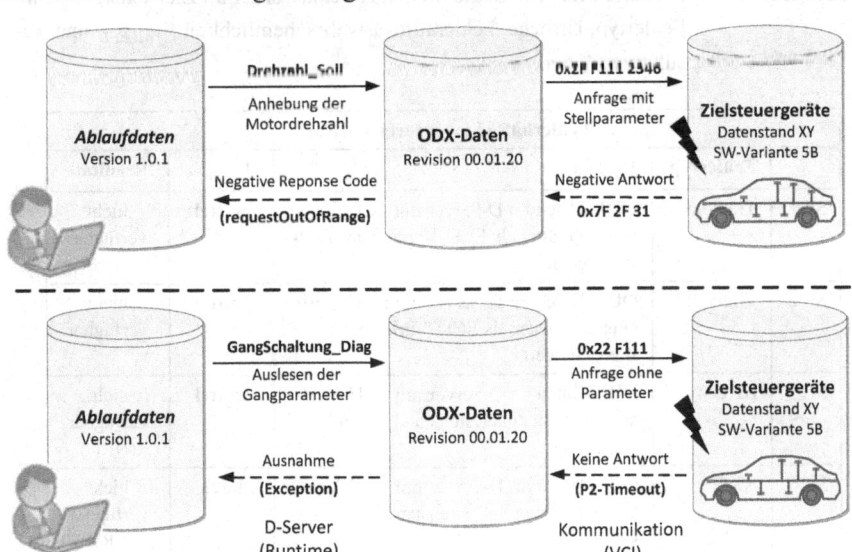

Abbildung 3.16: Zwei Diagnoseszenarien für den Diagnosedienst „Drehzahl Soll" mit Stellparameter und „GangSchaltung_Diag" zum Auslesen der Getriebeparameter. Einmal mit NRC und P2-Timeout als Antwort vom Zielsteuergerät

Die Antwort des Zielsystems ist in beiden Fällen unvollständig. Im Szenario „Drehzahl_Soll" antwortet das Steuergerät mit einem Negativ Response Code (NRC) nach ISO 14229 [10]. Der NRC mit 0x31 beschreibt, dass der angefragte Stellparameter außerhalb des möglichen Wertbereichs der Steuergerätfunktion liegt. Alle standardisierten NRCs sind in ISO 14229 hinterlegt. Zusätzlich definiert die ISO einen herstellerspezifischen Bereich, um NRCs proprietär zu beschreiben. Im unteren Diagnosefall antwortet das Steuergerät nicht. Der angefragte Speicherbereich bzw. die Speicherfunktion ist im Zielsteuergerät nicht hinterlegt. Das UDS-Protokoll nach ISO 14229 Teil 3 definiert einen Prozess, wie und wann das Steuergerät in diesem Fall in ein „Timeout" (P2-Timeout) geht. In beiden Fällen stehen dem Anwender keine diagnostischen Messresultate zur Verfügung. Tabelle 3.5 erweitert diese Analyse und beschreibt die verschiedenen Diagnoseszenarien (SE.1 bis SE.6) mit Fehlertyp, Ursache, Auftrittswahrscheinlichkeit $P_{fail,ECU}$ und Resultatverfügbarkeit.

Tabelle 3.5:   Szenarien für fehlerhafte Steuergeräteantworten im Zielsteuergerät mit Fehlertyp, Ursache, Fehlerauftrittswahrscheinlichkeit $P_{fail,ECU}$ und Resultatverfügbarkeit

Fehlerhafte Steuergeräteantwort				
	Fehlertyp	**Ursache**	$P_{fail,ECU}$	**Resultate**
SE.1	Timeout	ODX-Daten im D-Server mit ECU-Variante sind älter als ECU-Variante im Zielsteuergerät	**mittel**	nicht verfügbar
SE.2	Timeout	ODX-Daten im D-Server mit ECU-Variante sind neuer als ECU-Variante im Zielsteuergerät	**mittel**	nicht verfügbar
SE.3	NRC	ODX-Daten im D-Server mit ECU-Variante sind älter als Datenstand im Zielsteuergerät	**mittel**	nicht verfügbar (NRC)
SE.4	NRC	ODX-Daten im D-Server mit ECU-Variante sind neuer als Datenstand im Zielsteuergerät	**hoch**	nicht verfügbar (NRC)
SE.5	Timeout	Fehler Diagnosefunktionen im Zielsteuergerät	**gering**	nicht verfügbar
SE.6	Timeout/ NRC	Anwenderfehler Parametrierung der ODX-Daten	**gering**	nicht verfügbar

Äquivalent zum Fehlerbereich in Punkt 1 aus Abbildung 3.14 sowie Tabelle 3.4 SA.3 und SA.4 identifiziert Tabelle 3.5 mit SE.1 bis SE.4 die Aktualität zwischen ODX-Daten im D-Server und ECU-Variante (Datenstand) im Steuergerät als Fehlerursache. Für den Fehlertyp „NRC" bekommt der Anwender Resultatdaten in Form von standardisierten Fehlerbeschreibungen. Die Auftrittswahrscheinlichkeit der Fehlerszenarien ist über diese vier Fälle mittel bis hoch. Die Szenarien SE.5 und SE.6 beschreiben Sonderfälle, die im Rahmen der Untersuchungen nur selten vorkamen.

3.5.1.3 Interpretation im D-Server

Abbildung 3.17 stellt schematisch eine unvollständige Diagnose für den Fehlerbereich aus Abbildung 3.14 Schritt 3 dar. Der Diagnosedienst „Gang-Schaltung_Diag" wird erfolgreich vom D-Server in eine hexadezimale Anfrage kodiert und über ein VCI an das Zielsteuergerät gesendet. Das Zielsteuergerät antwortet mit einer positiven Antwort.

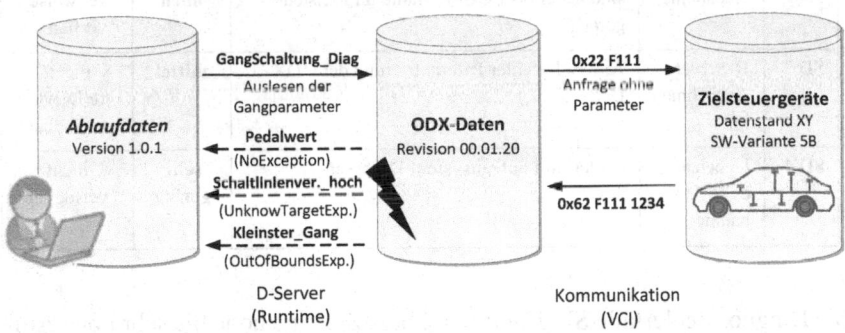

Abbildung 3.17: Diagnoseszenario im abstrahierten datenorientierten Diagnosesystem für „GangSchaltung_Diag" mit Fehlerfall bei der Interpretierung der Steuergeräteantwort im D-Server für drei Antwortparameter

Der letzte Schritt, die Interpretation der kodierten Antwort im Diagnoseablauf, schlägt teilweise fehl. Aus insgesamt drei Getriebeantwortparametern ist der „Pedalwert" als valides Resultat ausgegeben worden. „Schaltlinienverschiebung_hoch" und „Schaltlinienverschiebung_runter" werden vom D-Server als Ausnahmen zurückgegeben. Der Parameter „Schaltlinienverschiebung_hoch" kann vom Laufzeitsystem nicht aufgelöst werden (UnknownTargetExcpetion). Die Parameter-Referenz existiert nicht in den ODX-Daten. „Schaltlinienverschiebung_runter" hingegen löst die Antwort „OutOfBounds" aus. Die

Parameter-Referenz ist vorhanden, jedoch überschreitet die Diagnoseantwort (kodierter Wert) den Wertebereich in der Berechnungsmethode (DOP). Das Analyseergebnis für den Fehlerbereich Schritt 3 „Diagnoseantwort mit Interpretationsfehler im D-Server" beschreibt Tabelle 3.6 für vier Diagnoseszenarien (SD.1 bis SD.4).

Tabelle 3.6:   Szenarien für fehlerhafte Interpretationen im D-Server mit Fehlertyp, Ursache, Fehlerauftrittswahrscheinlichkeit $P_{fail,D}$ und Resultatverfügbarkeit

	Fehlertyp	Ursache	$P_{fail,D}$	Resultate
	Fehlerhafte Interpretation D-Server			
SD.1	D-Server Ausnahme	ODX-Daten im D-Server mit ECU-Variante sind älter als ECU-Variante im Zielsteuergerät	**hoch**	nicht/ teilweise verfügbar
SD.2	D-Server Ausnahme	ODX-Daten im D-Server mit ECU-Variante sind neuer als ECU-Variante im Zielsteuergerät	**sehr hoch**	nicht/ teilweise verfügbar
SD.3	D-Server Ausnahme	Anwenderfehler Parametrierung der ODX-Daten	**mittel**	nicht/ teilweise verfügbar
SD.4	Unbehandelte Ausnahme	Fehler im Laufzeitsystem D-Server	**sehr gering**	nicht verfügbar

Die Diagnosefehlerfälle SD.1 und SD.2 besitzen eine hohe bis sehr hohe Auftrittswahrscheinlichkeit $P_{fail,D}$. Die Ursachen sind äquivalent zu den Szenarien SE.1 bis SE.4 und SA.3 bis SA.4. Der Diagnosefall SD.3 beschreibt Fehlerpfade, die Anwenderfehler der Parametrierung von ODX-Datenbasen als Ursache haben. Insbesondere in der schnelllebigen Entwicklung, mit einer hohen Änderungsfrequenz, kommen Flüchtigkeitsfehler vor. Schreibfehler in Shortname-Referenzen, unvollständige Vererbungsstrukturen oder vergessene Platzhalter sind nur wenige Beispiele von vielen. Die Resultate sind in der Regel nicht, nur teilweise oder invalide verfügbar. Anwenderfehler in den ODX-Daten besitzen im untersuchten Datensatz eine Wahrscheinlichkeit von $P_{fail,D} = mittel$. Einen sehr unwahrscheinlichen Fehlerpfad zeigt SD.4. Dieser beschreibt Fehler im Laufzeitsystem der Diagnoseapplikation und hat keinen direkten Bezug zur aktuellen datenorientierten Betrachtung.

3.5.2 Aktualität zwischen Daten und Funktionen

Kapitel 3.5.1 untersucht systematisch verschiedene Diagnoseszenarien mit unvollständigen Resultaten und ordnet die Auftrittswahrscheinlichkeit P_{fail} verschiedener Ursachen zu. Die Aktualität zwischen den drei Datenquellen wurde als Ursache mit der größten Wahrscheinlichkeit identifiziert. In diesem Kontext spielen die Versionen und Datenstände der Datenbasen im System eine tragende Rolle.

In Anlehnung an Kapitel 3.5 Abbildung 3.13 für eine abstrahierte ideale Diagnosedatenaktualität als Mengendarstellung wurden Diagnoseszenarien aus Kapitel 3.5.1 in die Mengendarstellung überführt. Die Mengen AD, OD und SD wurden definiert. Abbildung 3.18 zeigt die abstrahierten Diagnosedaten im verteilten Diagnosesystem in der Mengendarstellung. Die Menge „Ablaufdaten" repräsentiert verschiedene Shortname-Referenzen und ist die kleinste Datenmenge. Die Menge der Zielsteuergeräte steht für die Gesamtheit der diagnostischen Steuergerätefunktionen. Die größte Menge im Schaubild sind die ODX-Daten. ODX-Daten stellen immer eine Übermenge an Steuergerätebeschreibungsdaten (Anfragen, Antworten, Meta-Daten, usw.) dar.

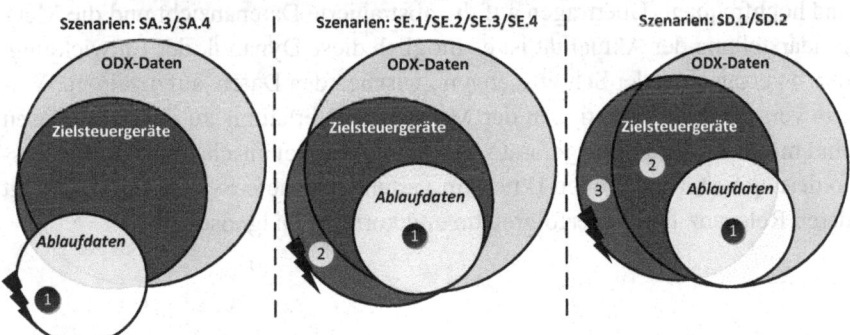

Abbildung 3.18: Diagnostische Mengendarstellung mit abstrahierten Daten (ODX, Ablauf und Steuergerät) für verschiedene Diagnoseszenarien und Fehlerursachen

Aktualität bzw. Synchronität der Diagnosedaten im Diagnosesystem spielt eine essentielle Rolle für die Verfügbarkeit von korrekten Messresultaten. Abbildung 3.18 zeigt von links nach rechts drei verschiedene Relationen der Diagnosemengen zueinander. Die Nummerierungen in dieser Abbildung entsprechen den identifizierten Fehlerquellen aus Abbildung 3.14. Die

Diagnoseszenarien SA.3 und SA.4 sind in Abbildung 3.18 (links) dargestellt. Die Menge Ablaufdaten AD ist in diesem Fall keine Teilmenge der ODX-Daten OD. Das bedeutet, es existieren Shortname-Referenzen, die kein Element der Menge OD sind. Die Diagnoseausführung scheitert direkt bei der Erstellung der diagnostischen Anfrage.

Abbildung 3.18 (Mitte) zeigt das Verhältnis der Mengen für die Diagnose SE.1 bis SE.4. Im Schritt 2 der Diagnoseausführung (Zielsteuergerät) scheitert die Diagnose. Die Menge SD ist keine echte Teilmenge der ODX-Daten OD. Es existieren Elemente in SD, die keine Elemente von SD und/oder AD sind. Die letzte Darstellung auf Mengenebene ist rechts zu sehen und umfasst die Fälle SD.1 und SD.2.

Im letzten Schritt der Diagnose (Interpretation im D-Server) schlägt die Ausführung fehl. Abbildung 3.18 veranschaulicht diesen Fehlerfall, in dem die Menge SD keine echte Teilmenge von AD und OD ist. Die Steuergeräteantwort ist in diesem Fall positiv, jedoch existieren keine Elemente in Menge OD für die Interpretation der Diagnoseantwort des Steuergerätes.

Wie in Kapitel 3.2 diskutiert verändern sich Diagnosedaten sehr dynamisch und hochfrequent. Übertragen auf die abstrahierte Datenansicht und die Mengendarstellung der Aktualität ist es möglich diese Dynamik der Entwicklung, durch verschieben der Schnittmengen zwischen den Daten, aufzuzeigen. Weitere verschiedene Variationen der Mengen im Verhältnis zu den Datenbasen sind möglich. Zusammengefasst stellt dieses Kapitel anschaulich die Herausforderung von asynchronen Daten im verteilten remote System dar und zeigt deren Relevanz für eine erfolgreiche und korrekte Diagnose auf.

4 Ansatz zur Qualitätssteigerung der remote Fahrzeugdiagnose

Die vorangegangenen Untersuchungen und Analysen diskutieren und zeigen verschiedene Herausforderungen in Off-Board-Diagnose-Systemen. Variantenvielfalt, gepaart mit einer hohen Änderungsdynamik im Entwicklungsumfeld, führt zu komplexen Fehlerbildern. Insbesondere für die Fahrzeugentwicklung ist die Verfügbarkeit und Qualität von diagnostischen Messdaten ein essenzieller Qualitätstreiber. Daraus resultiert im Folgenden ein grundlegender Ansatz für **ein multivariantes, zentralisiertes und asynchrones remote Diagnosesystem**. Kern dieses neuen Diagnosesystems ist das Verfahren zum clustern von steuergeräteübergreifenden, multivarianten und heterogenen Diagnoseobjekten mit ganzheitlichen Änderungsinformationen. Hauptziel dieses Konzepts ist es die **Verfügbarkeit, Zuverlässigkeit und Qualität** von diagnostischen Messresultaten zu erhöhen.

4.1 Herausforderungen und Anforderungen

Kapitel 3 identifiziert verschiedene Herausforderungen in Daten, Modellen und Systemen für Off-Board-Diagnose. Im Vordergrund der Analyse steht die Erhöhung der **Verfügbarkeit, Zuverlässigkeit und Qualität der diagnostischen Messresultate**. Von der Änderungsdynamik und Variantenvielfalt in der Entwicklung (Kap. 3.2) über die Herausforderungen im Datenmodell (Kap. 3.4) und verteilte Daten im remote Diagnosesystem (Kap. 3.5) zeigt Tabelle 4.1 eine Übersicht der wichtigsten Fehlerbereiche für ein remote Diagnosesystem. Aus diesen vier Hauptherausforderungen werden verschiedene Lösungskonzepte abgeleitet.

Tabelle 4.1: Identifizierte Herausforderungen der remote Off-Board-Diagnose mit abgeleiteten Anforderungen im Kontext Verfügbarkeit, Zuverlässigkeit und Qualität der Messdaten

Identifizierte Herausforderungen	Untersuchte Lösungskonzepte	Hauptanforderungen an ein remote Diagnosesystem		
		Zentralisierung des Diagnosesystems	Asynchrone Kommunikation	Aggregierung von Daten
Kap. 3.2 Änderungsdynamik und Variantenvielfalt	Aggregieren der Typen, Varianten und SW-Revisionen mit Ad-Hoc Aktualisierung			
Kap. 3.3 Kein optimales Aufteilungskonzept, synchrone Diagnose als Remotesystem nicht praktikabel	Hybride asynchrone Diagnosearchitektur			
Kap. 3.4 Ungenaue Änderungsverfolgung im ODX-Datenmodell	Änderungsinformationen als Bestandteil der Laufzeitdaten			
SPOT-Prinzip im Modell der Daten (ODX)	Aggregieren von Daten für Laufzeitsysteme			
Unterschiede zwischen Statischen- und Laufzeitdaten (Vererbungskonzept, Redundanzfreiheit)	Laufzeitwissen bereits im statischen Zustand			
Kap. 3.5 Verteilte und asynchrone Referenzen und Daten im Diagnosesystem	Zentralisierung im Backend und Datenübermengen im Fahrzeug			

Diese analysierten Lösungen wurden im Kontext remote Diagnose und Identifizierbarkeit von Fehler im Feld gewählt. Es ergeben sich hieraus drei Hauptanforderungen (Spalte 4 bis 6).

Systemübergreifende Anforderung ist die **Zentralisierung des Diagnosesystems** für Daten und Softwarekomponenten. Einerseits ermöglicht die zentrale Verwaltung von Daten und Änderungen die Reduzierung von Diagnosefehlern im Feld, andererseits wird die Wartbarkeit von Diagnosekomponenten wie D-Servern oder Diagnose-Laufzeitsystemen erhöht. Als zweite Hauptanforderung wurde die **asynchrone remote Kommunikation** abgeleitet. Untersuchungen von verschieden Aufteilungskonzepten in Kapitel 3.3 zeigen bereits ausführlich die Vorteile einer asynchronen Kommunikation für die Zuverlässigkeit und Verfügbarkeit der Diagnose. Die dritte Hauptanforderung wird mit dem Überbegriff **Aggregieren von Diagnosedaten** bezeichnet. Diese Anforderung stellt den Kern des nachfolgenden Konzepts dar. Kapitel 3.5 abstrahiert ein Diagnosesystem in drei Datenquellen und zeigt den Einfluss von verteilten und asynchronen Daten auf Diagnoseresultate. Verschiedene kritische Diagnoseszenarien werden untersucht und bewertet. Die abschließende Bewertung zeigt, dass die meisten Diagnosefehler auf fehlende Aktualität und Synchronität von Daten zurückzuführen ist.

4.2 Zentralisierung und asynchrone Remote-Kommunikation

Auf Basis der Analyse aus Kapitel 3 und der abgeleiteten Herausforderungen in Kapitel 4.1 Tabelle 4.1 wurde das Aufteilungskonzept nach ARDS1 aus Kapitel 3.3 Abbildung 3.7 für diese Arbeit ausgewählt. Die Diagnosevariante ARDS1 (asynchrone remote Diagnosesystem) profiliert sich durch Zuverlässigkeit und Verfügbarkeit auf Systemebene. Ein Hauptnachteil dieser Variante ist die Synchronität der Daten.

Abbildung 4.1 zeigt in Anlehnung an Kapitel 3.3 in Tabelle 3.7 das Aufteilungskonzept ARDS1. Von oben nach unten stellt die Abbildung 4.1 die zentralisierte Cloud mit Applikation und Interface, die Remote-Kommunikation und das Diagnose-VCI bestehend aus Standardkomponenten dar. Die Hauptanforderungen aus Kapitel 4.1 Tabelle 4.1 **Zentralisierung des Diagnosesystems** und **asynchrone Kommunikation** stellen das ARDS1 Konzept vollständig dar. Ablauf- und ODX-Daten sind im Bereich der Cloud zentralisiert und die Remote-Kommunikation ist als asynchroner Austausch von beliebigen Datenobjekten realisierbar. Der asynchrone Charakter der Kommunikationsstrecke in Kombination mit dem Ansatz der Zentralisierung der Daten stehen im Gegensatz zueinander. Einerseits benötigt das Diagnose-VCI möglichst viele Diagnoseinformationen zur Laufzeit, anderseits steigt die Asynchronität der Daten, je mehr Daten übertragen werden.

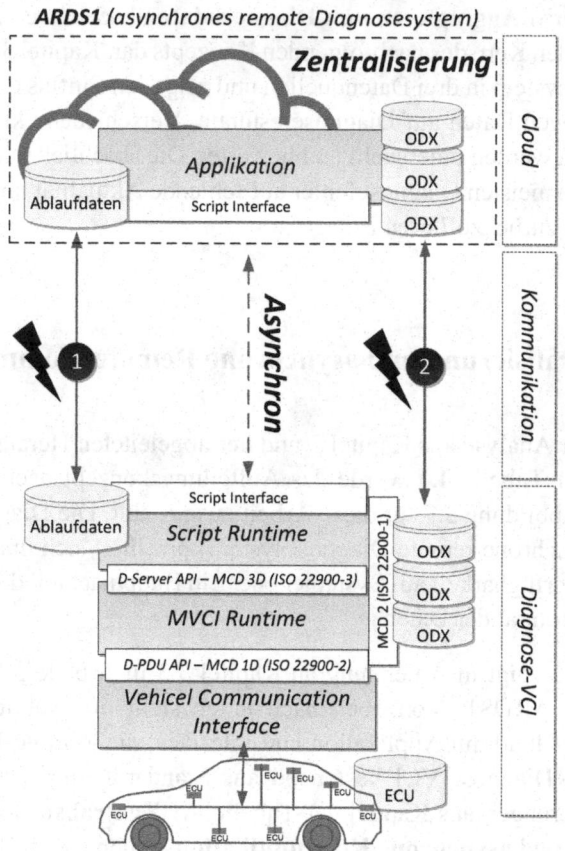

Abbildung 4.1:   Diagnosevariante - Aufteilungskonzept asynchrone remote Diagnosearchitektur mit Herausforderungen der Synchronität der Daten und Remote-Kommunikation

Deswegen definiert Kapitel 4.1 als dritte Anforderung das **Aggregieren von
Daten**. Abbildung 4.1 zeigt mit den Punkten 1 und 2 für asynchrone Ablaufdaten und ODX-Daten die resultierenden Herausforderungen für dieses Aufteilungskonzept. Für ein ganzheitliches Konzept zur Qualitätssteigerung eines
remote Diagnosesystems leitet sich die folgende Frage ab:

*„Wie können Diagnosedaten und -abläufe automatisch aggregiert werden, da-
mit die Qualität der Diagnoseausführung und Messresultate maximiert werden?"*

Das nachfolgende Kapitel 4.3 führt ein neues Verfahren ein, um Diagnosedaten steuergeräteübergreifend und multivariant mit Änderungsinformationen zu gruppieren.

4.3 Steuergeräteübergreifende Diagnosecluster (XCXS)

Das „Aggregieren von Diagnosedaten" aus Kapitel 4.1 in Tabelle 4.1, stellt die wichtigste Hauptanforderung für ein remote Diagnosesystem dar. Analysen und Untersuchungen haben gezeigt, dass die häufigste Ursache für unvollständige oder unplausible Resultate ein **Informationsdefizit** ist. Im Folgenden wird ein neuer Ansatz vorgestellt, der heterogene Beschreibungsdaten nach strukturellen und inhaltlichen Ähnlichkeiten in Diagnosecluster mit geordneter Änderungshistorie gruppiert. Die resultierenden Diagnosecluster ersetzten im klassischen Diagnoselaufzeitsystem die SPOT-Diagnose. Ziel dieses Verfahren ist es, Diagnosefehler im remote System identifizierbar zu machen.

4.3.1 Übersicht XCXS-Verfahren

Der Kern des neuen Ansatzes für multivariante Diagnose und die vorgeschlagene Clusterdiagnose ist die **varianten- und typenübergreifende Gruppierung von Diagnoseobjekten mit Ähnlichkeits-Metriken**. Dieses neue Verfahren wird als **XCXS-Verfahren** (XML document Clustering with XEdge and weighted structure and content similarity) bezeichnet. Im aktuellen Datenmodell von ODX sind steuergeräteübergreifende diagnostische Informationen nur über eine spezielle Klasse (SHARED-DATA-GROUP) eingeschränkt austauschbar [22]. Ziel der vorgestellten Methodik ist es, komplexe diagnostische Datensätze mithilfe semantischer und struktureller Ähnlichkeits-Metriken zu eigenständigen Beschreibungsdatensätzen zu gruppieren. Das vorgestellte Verfahren soll eine Erweiterung zum standardisierten MVCI-Diagnosesystem darstellen. Kapitel 2.3 „Distanzmetrik – Struktur, Merkmal und Wert" stellt verschiedene mathematische Methoden vor, Datenstrukturen oder Datenwerte zu vergleichen. Dieses Konzept zur Ähnlichkeitsbestimmung von Diagnosedaten kombiniert bekannte Metriken aus der Literatur im Kontext ODX und ist chronologisch wie folgt aufgebaut:

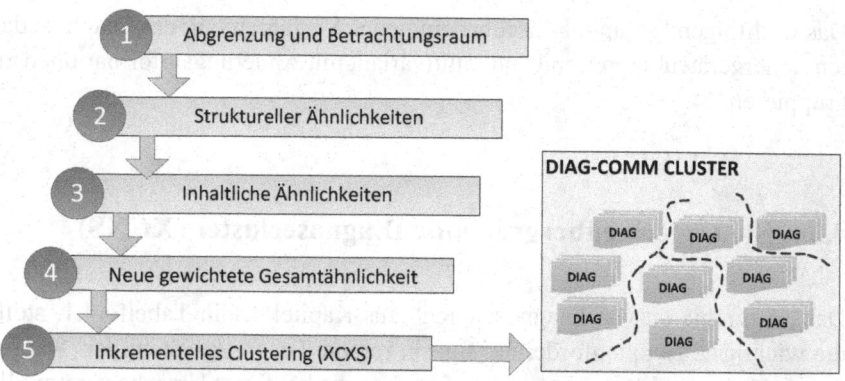

Abbildung 4.2: Chronologisches Verfahren zum inkrementellen clustern von Diagnoseobjekten auf Basis von gewichteten, strukturellen und inhaltlichen Ähnlichkeiten (XCXS-Verfahren)

Abbildung 4.2 zeigt das XCSC-Verfahren, bestehend aus fünf Schritten, Diagnoseobjekte strukturell und inhaltlich in Clustergruppen einzuteilen. Die
nachfolgenden Unterkapitel beschreiben die einzelnen Schritte im Detail mit
diagnostischen Beispielen.

4.3.2 Abgrenzung und Ähnlichkeitsraum

Abgrenzung und Betrachtungsraum (Abbildung 4.2 – Schritt 1)

Im Rahmen dieser Ausarbeitung wurde der Schwerpunkt auf **DIAG-COMM**
Laufzeitobjekte aus dem DIAG-LAYER Modell gesetzt. Ein DIAG-COMM
Objekt stellt als Kernelement einen vollständigen Diagnose Datensatz dar. Das
DIAG-COMM Objekt ist entweder für einen DLC oder über die SHARED-
DATA-GROUP für verschiedene DLCs gültig. Hierbei ist jedoch die objekt-
orientierte, individuelle Vererbung des ODX-Datensatzes zu beachten (Kapitel 2.2.1.2). Im Sinne der Redundanzfreiheit kann ein DIAG-COMM mehrfach
in einem DLC referenziert werden. Für eine bessere Einordnung im Datenmodell wird auf das grundlegende Datenmodell, Kapitel 2.2.1.1 verwiesen.

Abbildung 4.3 nach ISO22901-1 zeigt auf der linken Seite ein DIAG-COMM
Objekt in Beziehung zum Vater-Element ODX. Auf der rechten Seite steht das
DIAG-SERVICE Objekt als direkter Unterknoten des DIAG-COMM Objekts.

Ein DIAG-SERVICE umfasst alle relevanten Diagnoseinformationen eines Diagnosedienstes.

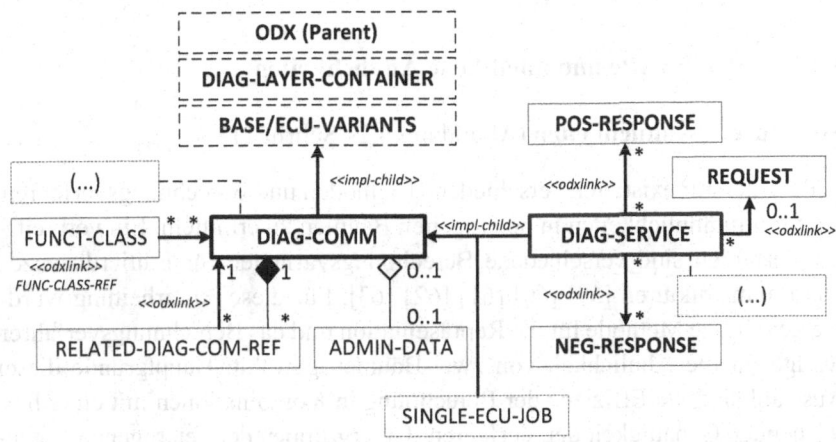

Abbildung 4.3: DIAG-COMM und DIAG-SERVICE Datenmodell mit abhängigen Diagnoseklassen nach ISO22901-1.

Das DIAG-COMM Element ist dem DIAG-SERVICE Element als implizites Kind-Element übergeordnet. Erfahrungsgemäß sind einem DIAG-COMM Element mehrere DIAG-SERVICES zugeordnet und pro Steuergerätevariante (BASE-VARIANT und ECU-VARIANT) existiert immer mindestens ein DIAG-COMM Element. Für die Betrachtung der Ähnlichkeiten von Diagnoseinhalten liegt der Schwerpunkt auf dem Element **DIAG-SERVICE** mit den Unterelementen POS-RESPONSE, REQUEST und NEG-RESPONSE (rechts in der Abbildung 4.3). Zusätzlich werden die Elemente RELATED-DIAG-COM-REF, FUNCT-CLASS und ADMIN-DATA für semantische Kontextähnlichkeiten verwendet. Kapitel 2.2.1.3 „Datentypen und Umrechnungsmethoden" beschreibt bereits einen Diagnosedienst (DIAG-SERVICE) mit Anfrage- und Antwort-Elementen. Jede Anfrage oder Antwort (POS-RESPONSE, NEG-RESPONSE oder REQUEST) besitzt einen oder mehrere Parameter mit verschiedenen Typen, die das Element vollständig beschreiben. Tabelle 2.2 aus Kapitel 2.2.1.3 listet die Parametertypen nach ISO 229001-1 auf. Erfahrungsgemäß ist der Parameter VALUE der mit Abstand am meisten genutzte Typ. Der VALUE Parameter referenziert direkt oder indirekt über ein ID-Ref oder Shortname-Ref auf ein DATA-OBJEKT-PROPERTIE (DOP) Umrechnungsobjekt. Aufgrund der Vielzahl an Parametertypen, Objekten,

Elementen und Datentypen wird das Ähnlichkeitskonzept im nachfolgenden Kapitel exemplarisch für ein simples DOP angewendet.

4.3.3   Strukturelle und inhaltliche Ähnlichkeiten

Strukturelle Ähnlichkeiten (Abbildung 4.2– Schritt 2)

In der Literatur existieren verschiedene Methoden und Berechnungsverfahren, um Strukturähnlichkeiten in heterogenen Bäumen zu ermitteln. Ein verbreitetes Verfahren sind verschiedene Berechnungsvarianten für Editierdistanzen von Baumstrukturen [59] [60] [61] [62] [63]. Für diese Ausarbeitung wurde die LevelEdge Methode für die Repräsentation und das Berechnungsverfahren XEdge für die Ähnlichkeit von zwei Bäumen gewählt. Hauptgründe dieser Auswahl sind die Effizienz der Berechnung in Kombinationen mit einer hinreichenden Genauigkeit der Verfahren. Untergruppen der heterogenen Datenstruktur DIAG-COMM werden im Folgenden auf metrische Repräsentationsebenen überführt. Ein DIAG-COMM stellt selbst eine heterogene Baumstruktur dar. Wie bereits in Kapitel 2.2.1.1 dargestellt bedient sich der ODX-Standard zweier Mechanismen der Referenzierung: SN-Ref und ID-Ref, um eine Redundanzfreiheit zu gewährleisten. Kapitel 3.4.3 zeigt die Herausforderung von Datenobjekten im statischen Zustand. Das DIAG-COMM als statisches Objekt kann somit für die LevelEdge Darstellung nicht direkt als vollständiger Baum dargestellt werden, da das Objekt nicht vollständig aufgelöst und beschrieben worden ist. Das statische Objekt muss in ein Laufzeitobjekt überführt werden.

Abbildung 4.4 zeigt exemplarisch zwei Diagnosedienste eines Motorsteuergerätes in LevelEdge Darstellung. Links in der Abbildung ist der Dienst **„Odometer_Read"** zum Auslesen des Kilometerstands und rechts **„Epm_Read"** zum Auslesen der Motordrehzahl dargestellt. Abbildung 4.4 zeigt einen Ausschnitt des Strukturbaums für die Umrechnungsmethode der positiven Diagnoseantworten. Der berechnete Strukturabstand mit einem anwenderspezifischen Gewichtungswert $a = 3$ (nach Kapitel 2.3.1 in Gl. 2.4) beträgt $Sim_{L_{eng\_sp},L_{odo}} = 0.66$.

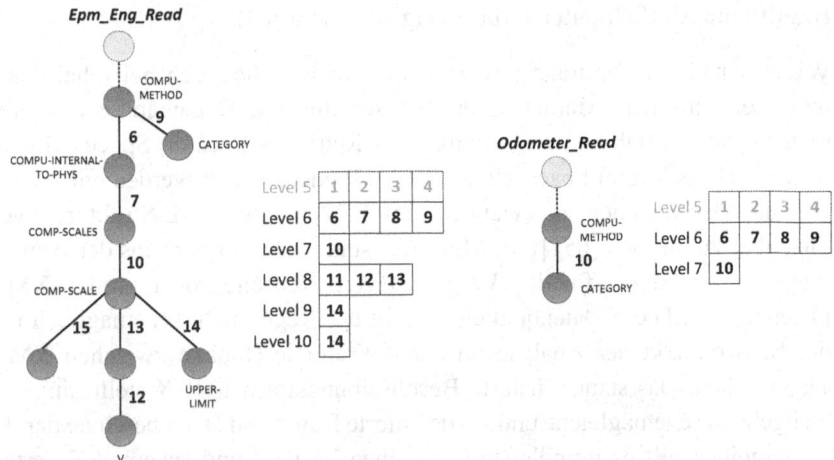

Abbildung 4.4: Auszug der LevelEdge Darstellung aus zwei Diagnosediensten einer Beschreibungsdatei eines Motorsteuergerätes. Links der Diagnosedienst Motordrehzahl „Epm_Eng_Read" und rechts der Diagnosedienst Kilometerstand „Odometer_Read"

Der strukturelle Unterschied zwischen DIAG-SERVICES Datenobjekten nimmt in tieferen Schichten zu. Grund hierfür ist das vorgegebene Datenmodell (Abbildung 4.3) aus dem ODX-Standard. Grundlegend setzt sich ein Diagnosedienst immer aus Anfrage-, Antwort- und Beschreibungsobjekten zusammen, die in der Struktur eine hohe Ähnlichkeit besitzen. Der Gewichtungsfaktor für tiefere Strukturen wurde folglich höher angesetzt. Je höher der Gewichtungsfaktor, desto stärker sind die Strukturen zum Kodieren von diagnostischen Anfragen und Interpretieren von diagnostischen Antworten relevant für die strukturelle Ähnlichkeit.

Die strukturelle Ähnlichkeit nach [64] vergleicht die Kanten zwischen XML-Dokumenten. Inhalte wie XML-Attribute der Knoten oder Inhalte zwischen den Knoten sind nicht berücksichtigt. Untersuchungen aus der Literatur haben nachgewiesen, dass für eine exakte Bestimmung der Ähnlichkeit zusätzlich die Semantik und Inhalte in die Berechnungen mit einfließen müssen [41]. Im Rahmen dieser Arbeit wurden verschiedene Ansätze geprüft. Für eine ganzheitliche Bestimmung der diagnostischen Ähnlichkeit wird die semantische Ähnlichkeit auf Basis von zwei Verfahren aus der Literatur eingeführt und im nachfolgenden Kapitel kombiniert.

Inhaltliche Ähnlichkeiten (Abbildung 4.2– Schritt 3)

Wissenschaftliche Beiträge aus der Literatur beziehen sich bei inhaltlichen bzw. semantischen Ähnlichkeiten für strukturierte Datenbäume auf Freitextanalyse. Verfahren wie Vektorraum-Retrieval (Vector Space Model), Structure Link Vector Space Model (SLVM) oder n-Gram werden mit Preprocessing Mechanismen angewendet, um Freitexte in XML-Strukturen vergleichbar zu machen [65] [66]. Motiviert sind diese Beiträge aus der Anwendung der Verfahren, für den Vergleich von Webseiten oder großen XML-Datenbanken. Diese Datenquellen sind in der Regel nicht schemagleich und der Schwerpunkt der Analyse wird auf Freitexte (Inhalte zwischen XML-Tags) gelegt. Das standardisierte Beschreibungsformat ODX stellt hingegen weitgehend schemagleiche und vordefinierte Daten und Datenbereiche dar. Im Allgemeinen gilt es grundlegend zwischen Freitext und schemadefiniertem Text beim Ähnlichkeitsvergleich zu unterscheiden. Semantische Dateninhalte in XML-Attributen, XML-Knoten und Inhalten zwischen den XML-Tags unterliegen im Standard nach ISO 22901-1 fest definierten Wertebereichen, Datentypen und Schreibweisen oder sind als Freitext deklariert.

Das Datenmodell ODX wird wie folgt in die Kategorien **Freitexte**, **Aufzählungen** und **Zahlen** aufgeteilt. Abbildung 4.5 zeigt im linken Bereich drei Kategorien mit beispielhaften ODX-Objekten. **Freitexte** stehen für innere Werte von XML-Tags wie SHORT-NAME, LONG-NAME oder DESC.

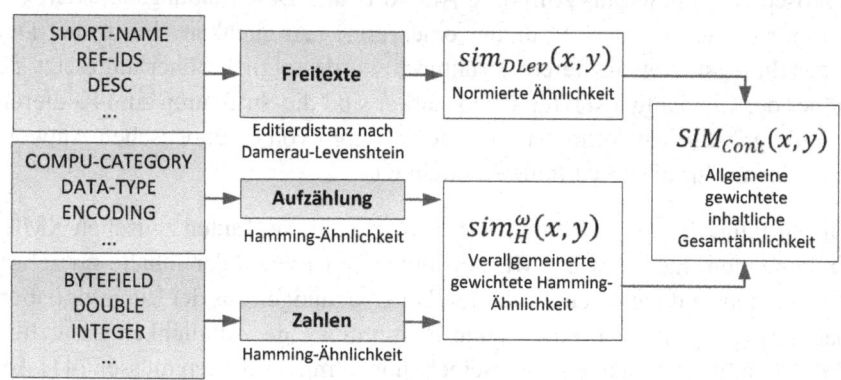

Abbildung 4.5:   Schematisch dargestellte Methode zur Bestimmung der allgemeinen gewichteten und allgemeinen inhaltlichen Ähnlichkeit $SIM_{Cont}(x, y)$ für die Inhalte des Datenformats ODX

Ein effizientes und effektives Distanzmaß, zwischen beliebigen Freitexten, ist die Damerau-Levenshtein-Distanz (Kapitel 2.3.3). Diese Metrik stellt eine Erweiterung der Levenshtein-Editierdistanz dar und ermöglicht zusätzlich das Identifizieren von vertauschten Zeichen. Die normierte inhaltliche Ähnlichkeit für Freitextobjekte in der Form von Zeichenketten x und y im Wertebereich $0 \le sim_{DLev}(x, y) \le 1$ nach [67] ist wie folgt definiert:

$$sim_{DLev}(x, y) = \frac{DLev(x, y)}{max(len(x), len(y))} \qquad \text{Gl. 4.1}$$

Hierbei entspricht $DLev(x, y)$ der Damerau-Levenshtein-Editierdistanz für x und y. Die berechnete Editierdistanz wird durch die maximale Gesamtlänge, der beiden Freitextobjekte $max(len(x), len(y))$, dividiert. Für das angeführte Beispiel D_{Odo} (Odometer_Read) und D_{rpm} (Epm_Read) und gleichnamige SHORT-NAMES berechnet sich die Editierdistanz zu $sim_{DLev}(D_{Odo}, D_{rpm}) = 0.5385$. Der berechnete Wert wurde auf die vierte Nachkommastelle gerundet.

Einen großen Teil der ODX-Dateninhalte umfassen **Aufzählungen** (engl. Enumerations), in Form von Berechnungskategorien (COMPU-CATEGORY) wie LINEAR, RAT-FUNC, IDENTICAL oder Datentypen wie A_INT32, A_UINT32 und A_FLOAT32. Im ODX-Datencontainer kommen Aufzählungen als XML-Attribute und XML-Werte vor. Ein aus der Literatur bekanntes, einfaches und beliebtes Ähnlichkeitsmaß ist die Hamming-Distanz (Kapitel 2.3.2). Anwendung findet diese Metrik in der Kodierungstheorie für den Vergleich von binär dargestellten Zahlen. ODX-Aufzählungen im Speziellen beschränken sich jedoch nicht nur auf binäre Werte (wahr/falsch oder 0/1). Der Aufzählungstyp Datentyp (DATA-TYPE) zum Beispiel umfasst insgesamt acht Werte, die Berechnungskategorien (CATEGORY) insgesamt neun Werte. Damit auf Wissen von Experten im Vorfeld verzichtet werden kann, ist die inhaltliche Ähnlichkeit für alle Aufzählungstypen wie folgt definiert:

$$sim_{en}(x_{en}, y_{en}) = \begin{cases} 1 & falls \quad x_{en} = y_{en} \\ 0.5 & falls \quad x_{en} \ne y_{en}, \quad x_{en}, y_{en} \in \{ENUM\} \\ 0 & sonst \end{cases} \qquad \text{Gl. 4.2}$$

Hierbei steht $sim_{en}(x_{en}, y_{en})$ für die generelle qualitative inhaltliche Ähnlichkeit von zwei beliebigen Aufzählungen x_{en} und y_{en}. Angewendet auf die zu vergleichenden Diagnosedienste D_{Odo} (Odometer_Read) und D_{rpm} (Epm_Read) und Aufzählungstypen CATEGORY errechnet sich die qualitative Ähnlichkeit für $x_{Odo,CAT} = IDENTICAL$ und $y_{Epm,CAT} = LINEAR$ zu $sim_{CAT}(x_{Odo,CAT}, y_{Epm,CAT}) = 0.5$. Die qualitative inhaltliche Ähnlichkeit für das vorgestellte neue Verfahren benötigt immer einen Lösungsraum $x_{en}, y_{en} \in \{ENUM\}$. Im Falle von ODX-Beschreibungsdaten leitet sich der Lösungsraum aus dem Datenmodell als Aufzählungstypen (ODX, ISO22901-1) ab.

Die letzte Kategorie **Zahlen** umfasst alle Datenwerte im ODX-Datenmodell, die numerisch sind oder in die numerische Schreibweise überführt werden können. Beispiele hierzu sind ein ganzzahliger Umrechnungsfaktor 100, eine Gleitkommazahl 0.342 für ein Umrechnungs-Offset oder ein Service-Identifier 0x22 in hexadezimaler Schreibweise für einen Diagnosedienst zum Lesen von statischen oder dynamischen Werten im Steuergerät. Für die Berechnung von Distanzen zwischen numerischen Wertepaaren wird in der Literatur eine einfache normierte Differenz verwendet. Im Fall ODX sind die Wertebereiche, auf die normiert wird, nicht definiert oder zur Laufzeit nur mit zusätzlicher Logik verfügbar. Im Folgenden wird, äquivalent zum vorherigen Verfahren für Aufzählungen, der normierte Ähnlichkeitswert vereinfacht wie folgt berechnet:

$$sim_{num}(x_{num}, y_{num}) = \begin{cases} 1 & falls \quad x_{num} = y_{num} \\ 0.5 & falls \quad x_{num} \neq y_{num} \\ 0 & sonst \end{cases} \qquad \text{Gl. 4.3}$$

Im Vergleich zu Gl. 4.2 besitzt der normierte Ähnlichkeitswert für Zahlen im ODX-Datenmodell keinen direkten Lösungsraum.

Die vorgestellten inhaltlichen Ähnlichkeiten sind nach [43] zur **verallgemeinerten gewichteten Hamming-Ähnlichkeit** zusammengeführt. Der zusätzliche Gewichtungsfaktor ω ermöglicht es, individuelle Schwerpunkte auf wichtige Ähnlichkeiten von Aufzählungstypen und numerischen Werten zu setzen. Für das aufgeführte Beispiel der zu vergleichenden Diagnosedienste, wird der Gewichtungsfaktor für den Aufzählungstyp Kategorie (CATEGORY) $\omega_{CAT} = 2$ und der Faktor für den numerischen Wert der unteren Schranke (LOWER-

LIMIT) $\omega_{LL} = 1$ gesetzt. Die Inhalte der Kategorien fließen stärker in die Bewertung der Ähnlichkeit ein. Die verallgemeinerte gewichtete Hamming-Ähnlichkeit nach Kapitel 2.3.2 für $sim_{num}(x_{num}, y_{num})$ und $sim_{en}(x_{en}, y_{en})$ setzt sich wie folgt zusammen:

$$sim_H^\omega(x_{Odo}, y_{Epm})=$$

$$\frac{\left(\omega_{CAT} \cdot sim_{CAT}\left(x_{Odo,CAT}, y_{Epm,CAT}\right)\right) + \left(\omega_{LL} \cdot sim_{LL}\left(x_{Odo,LL}, y_{Epm,LL}\right)\right)}{\omega_{CAT} + \omega_{LL}}$$

Gl. 4.4

Die berechnete Hamming-Ähnlichkeit $sim_H^\omega(x_{Odo}, y_{Epm})$ entspricht dem normierten Wert 0.6. Die Ähnlichkeit ist niedrig, da die betrachteten Diagnosedienste verschiedene Kategorien für die Berechnung des physikalischen Werts besitzen.

In diesem Unterkapitel wird eine normierte Ähnlichkeitsbestimmung auf Basis des Damerau-Levensthein Verfahrens für Zeichenketten vorgestellt und mit der eingeführten Dateninhaltskategorie Freitexte kombiniert. Verschiedene Inhalte sind mit einer Kombination von normierten Differenzen und gewichteten Hamming-Distanzen eingeführt und exemplarisch berechnet. Im Folgenden werden diese zwei Verfahren mit einem Gewichtungsfaktor ε zur allgemeinen inhaltlichen Gesamtähnlichkeit $ContSim_{x,y}$ zusammengefasst. Gl. 4.5 zeigt die Zusammensetzung der resultierenden Berechnungsformel zum ganzheitlichen Vergleich von verschiedenen Inhaltstypen.

$$ContSim_{D_{Odo}, D_{Epm}} = sim_H^\omega(x_{Odo}, y_{Epm}) \cdot \varepsilon +$$
$$sim_{DLev}(D_{Odo}, D_{Epm}) \cdot (1 - \varepsilon)$$

Gl. 4.5

Angewendet auf das fortlaufende Beispiel für zwei Diagnosedienste mit einem Gewichtungsfaktor $\varepsilon = 0.25$ berechnet sich ein Wert von 0.5539 für die inhaltliche Gesamtähnlichkeit. Freitextvergleiche mit REF-IDs und SHORT-NAMEs haben eine hohe Bedeutung für das Gruppieren von Diagnosediensten. Ursache ist die Bedeutung dieser Referenzen im ODX-Datenmodell für die diagnostischen Laufzeitsysteme. Das nachfolgende Kapitel greift die beiden eingeführten Metriken zur Ähnlichkeitsbestimmung $ContSim$ und Sim_{L_x, L_y} nach LevelEdge, im Folgenden bezeichnet als $StrucSim_{L_x, L_y}$, auf und fasst diese zu einer neuen gewichteten Gesamtähnlichkeit für das anschließende inkrementelle Clustering zusammen.

4.3.4   Neue gewichtete Gesamtähnlichkeit

Gewichtete Gesamtähnlichkeit (Abbildung 4.2 – Schritt 4)

Die strukturelle Ähnlichkeitsbestimmung $StrucSim_{L_x,L_y}$ und eine Kombination von verschiedenen Editierdistanzen und Hamming-Distanzen zur Bestimmung der inhaltlichen Ähnlichkeit $ConSim_{x,y}$ wird im Folgenden zur gewichteten Gesamtähnlichkeit SIM_{L_x,L_y} zusammengeführt. Die Gesamtähnlichkeit dient als Grundwert für die spätere inkrementelle Gruppierung der Diagnoseobjekte. Die Berechnungsmethode nach [41] ist wie folgt am angeführten Beispiel mit zwei Diagnosediensten definiert:

$$SIM_{D_{Odo},D_{Epm}} = ContSim_{D_{Odo},D_{Epm}} \cdot \lambda +$$

$$StrucSim_{L_{Odo},L_{Epm}} \cdot (1 - \lambda)$$

Gl.4.6

Die Variable λ stellt einen variablen Gewichtungswert zwischen 0 und 1 dar. Der Gewichtungswert für die Gesamtähnlichkeit wird vom Anwender festgelegt. Die Strukturen von DIAG-COMM Objekten sind in höheren Schichten sehr ähnlich, da ein Diagnosedienst immer aus mindestens einer Anfrage (REQUEST), einer positiven Antwort (POS-RESPONSE) und einer negativen Antwort (NEG-RESPONSE) besteht. Strukturelle Unterschiede treten oft erst in tieferen Schichten auf. Diagnoseparameter wie Kodierungs- und Umrechnungsmethoden sind oft verschieden. Der Gewichtungsfaktor wird für diese Ausarbeitung auf den Wert $\lambda = 0.75$ gesetzt. Der Schwerpunkt der Ähnlichkeitsberechnung liegt somit mit 75% auf dem Vergleich der Inhalte ($ContSim_{x,y}$) und zu 25% auf dem Vergleich der Strukturähnlichkeiten ($StrucSim_{x,y}$). Zusammengefasst ergibt sich ein niedriger Gesamtähnlichkeitswert $SIM_{D_{Odo},D_{Epm}}$ zwischen den Diagnosediensten Odometer_Read und Eng_Spd_Read von 0.58. Die Dienste sind in der Struktur ähnlich, jedoch inhaltlich verschieden.

4.3.5   Inkrementelles Clustering mit Ähnlichkeitsschwellwert

Inkrementelles Clustering (Abbildung 4.2 – Schritt 5)

Kapitel 3.2 „Änderungsdynamik und Variantenvielfalt" stellt bereits anschaulich die Menge und die Anzahl der verschiedenen Varianten, Typen und Revisionen von Steuergerätebeschreibungsdaten in der Entwicklung dar. Untersuchungen nach [68] haben gezeigt, dass in Abhängigkeit des Steuergerätetyps einer ODX-Datenbasis mehrere tausend Diagnosedienste parametriert sein können. Daraus resultieren mehrere tausend Gesamtähnlichkeitswerte von Diagnosepaaren SIM_{D_x,D_y}.

Ziel des vorgestellten Verfahrens ist es DIAG-COMM Objekte, die eine hohe strukturelle und inhaltliche Ähnlichkeit aufweisen, schnell, effizient und genau zu gruppieren. Typischerweise wird in der Literatur hierzu eine Clusteranalyse durchgeführt.

Im Forschungsfeld „Information Retrieval" der Informatik für große Datenmengen sind verbreitete und oft genutzte Verfahren „K-Means" oder die „hierarchische Clusteranalyse" [69] [70] [71]. Die größten Herausforderungen bei diesen Verfahren mit großen Datensätzen ist die Skalierbarkeit. Bereits bei einer geringen Menge an Datensätzen müssen paarweise alle Elemente untereinander verglichen werden. Der Aufwand für die Berechnung steigt exponentiell und ist für eine schnelle und effiziente Anwendung zu hoch [72]. Im Folgenden wird das inkrementelle Clusterverfahren **„XML documents clustering with level similarity (XCLS)"** nach [64] und [73] angewendet. Dieses Clusterverfahren ist bei sehr guter Genauigkeit wesentlich weniger rechnenintensiv. Im betrachteten Anwendungsfall in der Cloud, mit direkter und agiler Anbindung an eine zentrale Datenbasenverwaltung, können Änderungen so schnell neu berechnet werden. XCLS ist nach [64] wie folgt definiert:

Die Menge der resultierenden Cluster $C = \{C_1, C_2, ..., C_q\}$ ist eine Teilmenge der XML-Dokumente $D = \{D_1, D_2, ..., D_n\}$, sodass $\left[C_1 \cup C_2 \cup ... \cup C_q = \right.$ Beschreibungsdaten $\left.\{D_1, D_2, ..., D_n\}\right]$ und $\left[C_i \cap C_j = \Phi\right]$ für $1 \leq i, j \leq q$. Wobei n die Anzahl der XML-Dokumente und q die Anzahl der Cluster ist. C_i bezeichnet ein Cluster in der Menge der Clusterresultate C.

Das klassische XCLS-Verfahren verwendet als Grundlage zur Berechnung der Distanzen zwischen den XML-Dokumenten die Darstellungsebene Level Structure (siehe Kapitel 2.3.1). Im Folgenden wird zusätzlich zum Structure Level Verfahren erstmalig die neue gewichtete Gesamtähnlichkeit SIM_{L_1,L_2} verwendet. Dieses Verfahren aus der Kombination von XCLS und der gewichteten Gesamtähnlichkeit $SIM_{L_x,L_{clst}}$ wird im weiteren Verlauf dieser Ausarbeitung als **XCXS-Verfahren** (XML document Clustering with XEdge and weighted structure and content Simlarity) bezeichnet. Das neue XCXS-Verfahren besteht in Anlehnung an das XCLS-Verfahren aus zwei Phasen, die inkrementell wie folgt durchlaufen werden:

Phase 1 – Zuweisung (Allocation)

Für alle Elemente, die es zu clustern gibt, gilt:

1. Übertrage das nächste Element in LevelEdge L_x
2. Berechne $SIM_{L_x,L_{clst}}$, zwischen dem Element und allen bisher existierenden Cluster in der LevelEdge
3. Ordne dem Element ein existierendes Cluster zu, falls das Maximum zwischen zwei Objekten gefunden wurde und $SIM_{L_x,L_y} > SIM_{TH}$ gilt
4. Andernfalls erstelle ein neues Cluster mit dem Element

Phase 2 – Neuzuweisung/Anpassung (Reassignment)

Für alle Elemente:

1. Übertrage ein zufällig gewähltes Element in LevelEdge L_x
2. Berechne $SIM_{L_x,L_{clst}}$, zwischen dem Element und allen bisher existierenden Cluster, in der LevelEdge
3. Ordne das zufällig gewählte Element einem existierenden Cluster <u>neu</u> zu, falls das Maximum zwischen zwei Objekten gefunden wurde und $SIM_{L_x,L_{clst}} > Sim_{TH}$ gilt
4. Andernfalls erstelle ein neues Cluster mit dem zufälligen Element

Stopp-Bedingung: Das Verfahren soll beendet werden, wenn es in zwei Iterationen keine Verbesserungen gibt.

Das zweistufige Verfahren verwendet einen anwenderspezifischen Ähnlichkeitsschwellwert Sim_{TH}. Ist die Gesamtähnlichkeit bzw. das berechnete Resultat der strukturellen und inhaltlichen maximalen Ähnlichkeit $SIM_{L_x,L_{clst}}$ zwischen dem Element und einem Cluster größer als der Schwellwert, wird das Element dem Cluster zugeordnet. In der Literatur wird unter der Annahme, dass die XML-Schemata (DTDs) sich unterscheiden können, ein Schwellwert von 0.6 bis 0.8 gewählt [40]. Der Schwellwert besitzt einen entscheidenden Einfluss auf die Größe, Zusammensetzung und insbesondere Streuung der Diagnosecluster. Bereits ein Schwellwert von $Sim_{TH} = 0.75$ erzeugt steuergeräteübergreifend wenige und große Cluster (viele DIAG-COMMs pro Cluster). Im Kontext der Clusterdiagnose im asynchronen remote System resultieren daraus große Datengruppen.

Tabelle 4.2: Übersicht zu Cluster- und DIAG-COMM-Anzahl für verschiedene Ähnlichkeitsschwellwerte Sim_{TH} für drei Steuergeräte mit jeweils sieben ODX-Revisionen und mit insgesamt 120 verschiedenen Diagnosediensten

$Sim_{TH} =$	0.60	0.75	0.85	0.95	1.00
Anzahl Cluster (Gesamt)	1	16	54	120	823
Anzahl DIAG-COMMs (im größten Cluster)	823	348	67	7	1
Anzahl DIAG-COMMs (im kleinsten Cluster)	823	5	1	1	1
Steuergerättypen (maximal pro Cluster)	3	3	2	1	1

Tabelle 4.2 zeigt den Einfluss des Schwellwerts Sim_{TH} auf die Cluster- und DIAG-COMM-Größen und diskutiert Möglichkeiten verschiedene Schwellwerte zu kombinieren. Als Versuchsdatensatz wurden drei verschiedene Steuergerätetypen mit jeweils sieben ODX-Revisionen ausgewählt. Pro Steuergerätetyp wurden 40 Diagnosedienste (neuste ODX-Revision) per Zufall ausgewählt. Die Gesamtzahl der betrachteten DIAG-COMMs ist 823, da nicht alle DIAG-COMMs in allen Revisionen vorkommen.

Tabelle 4.2 umfasst vier Ähnlichkeitsschwellwerte (Spalte 2 bis 6). Pro Schwellwert ist die Gesamtanzahl der Cluster (Zeile 2), Anzahl der DIAG-COMMs im größten und kleinsten Cluster (Zeile 3 und Zeile 4) und Anzahl der beteiligten Steuergerätetypen (Zeile 5) definiert. Die Spalte 6 stellt mit dem Ähnlichkeitsschwellwert von 1.0 eine Kontrollgruppe dar. Innerhalb der Kontrollgruppe erstellt das XCXS-Verfahren pro DIAG-COMM und ODX-Revision ein Cluster. Zusammengefasst ergeben sich 823 Cluster mit je einem DIAG-COMM. Umgekehrt berechnet dieses Verfahren bereits ab einem Schwellwert von 0.6 (Spalte 2) ein Cluster für alle beteiligten DIAG-COMMs. Der Fokus für die weitere Analyse liegt im Folgenden auf den grau eingefärbten Spalten 3 bis 5 ($Sim_{TH} = 0.75$ bis $Sim_{TH} = 0.95$). Die Anzahl der Cluster

(Zeile 2) in Tabelle 4.2 steigt mit zunehmendem Ähnlichkeitsschwellwert. Umgekehrt sinkt die Anzahl der DIAG-COMMs und Steuergerätetypen pro Cluster (Zeile 3, Zeile 4 und Zeile 5). Untersuchungen haben gezeigt, dass ein Ähnlichkeitsschwellwert von $Sim_{TH} = 0.95$ (Spalte 5) es ermöglicht, jeden DIAG-COMM in ODX-Revisions-Cluster zu gruppieren. Daraus resultiert eine maximale Anzahl von DIAG-COMMs pro Cluster von 7 Elementen, was exakt der Anzahl der ODX-Revisionen entspricht. Die minimale Anzahl kann variieren, da einige DIAG-COMMs erst in späteren ODX-Revisionen erstellt wurden. Ein Schwellwert von 0.95 reduziert jedes Cluster auf Steuergerätetypen, eine übergreifende Betrachtung ist dadurch ausgeschlossen.

4.3.6   Diagnoseobjekte duplizieren nach Diagnosemerkmalen (DBC)

Kapitel 3.1 „Änderungsdynamik und Variantenvielfalt" diskutiert bereits die Möglichkeiten und Vorteile, steuergeräteübergreifende Informationen zur Steigerung der Messdatenqualität im Feld zu nutzen. Je mehr Steuergerätetypen in einem Cluster sind, desto größer werden die gruppierten Diagnosedaten. Bei Schwellwerten im Bereich von $0.60 < Sim_{TH} < 0.95$ kommt es vor, dass ein Diagnosedienst mit verschiedenen Revisionen unterschiedlichen Cluster zugeordnet wird.

Tabelle 4.3:   Zugeordneter Diagnosedienst „BatU-Sens" mit fünf ODX-Revisonen an drei Cluster (CL1, CL5 und CL13) mit gewichteter Gesamtähnlichkeit gegen das jeweilige Cluster $SIM_{Lx,Lclst}$

$SIM_{Lx,Lclst}$ (CLUSTER)		ODX-Revision				
		23.05	23.03	22.00	21.24	21.08
BattU_Sens	Cluster 1	0.873	0.873	0.883	x	x
	Cluster 5	x	x	x	0.882	x
	Cluster 13	x	x	x	x	0.894
BattU_Sens*	Cluster 1	0.873	0.873	0.883	0.882*	0.894*
	Cluster 5	x	x	x	0.882	x
	Cluster 13	x	x	x	x	0.894

* duplizierte Diagnosedienste nach DBC-Verfahren

Ausgehend von einer Diagnoseausführung über einzelne Cluster können Datenlücken entstehen, die die Messdatenqualität reduzieren. Tabelle 4.3 zeigt als Beispiel den Diagnosedienst „BattU_Sens", dem drei verschiedenen Cluster zugeordnet wurden (Cluster 1, Cluster 5 und Cluster 13). Der Dienst „BattU_Sens" ist für das diagnostische Auslesen der Spannung (U) der 12V-Batterie im Motorsteuergerät zuständig. Über fünf ODX-Revisionen hinweg wurde dieser Dienst drei Cluster zugeordnet. Tabelle 4.3 zeigt, dass Cluster 1 (Zeile 2) drei Revisionen, Cluster 5 und 13 jeweils eine ODX-Revision enthalten. Die Ursache dieser Verteilung ist eine Kombination aus Änderungen des Inhalts und der Struktur der DIAG-COMM Daten und der größeren Ähnlichkeit zu Diagnosediensten aus anderen Steuergerätetypen (Cluster 5 und Cluster 13). Die vollständige Änderungsverfolgung der Diagnose ist nicht möglich. Der Dienst aus dem obigen Beispiel würde im Hauptcluster 1 keine Diagnosedaten der Revisionen 21.24 und 21.08 zur Verfügung stellen, da dieser auf das Cluster 5 und Cluster 13 zugeordnet wurde.

Ein optimierendes und ergänzendes Verfahren wird hiermit eingeführt. Das XCSC-Verfahren wird um ein zusätzliches Teilverfahren mit der Bezeichnung **„duplicated by characteristics (DBC)"** erweitert. Diese Methode wird nach dem vollständigen inkrementellen Clustering für alle Datensätze durchlaufen. Ausgehend von einem Referenz-DIAG-COMM mit Referenz-Cluster (Tabelle 4.3, Cluster 1) sucht das DBC-Verfahren automatisch nach verteilten DIAG-COMMs anhand von vordefinierten Merkmalen. Das Merkmalpärchen **Diagnose-Shortname** und **Steuergerät-Shortname** wurde für diesen Anwendungsfall ausgewählt. Tabelle 4.3 zeigt im unteren Bereich (letzte 3 Zeilen) die entstehenden Cluster. Das Cluster 1 wurde um die zwei fehlenden DIAG-COMMs für die Revisionen 21.24 und 21.08 ergänzt. Zusammengefasst schließt das DBC-Verfahren die entstehenden Datenlücken im Sinne der Änderungsverfolgung und steigert dadurch die Messdatenqualität im Kontext der Clusterdiagnose.

5 Praktischer Nachweis und Bewertung

Dieses Kapitel beschreibt, aufbauend auf den Resultaten der Analyse und Untersuchung aus Kapitel 3 und auf Basis des vorgestellten grundlegenden Ansatzes in Kapitel 4, die prototypische Umsetzung eines zentralisierten und multivarianten remote Off-Board-Diagnosesystems. Hierzu wird die verwendete Hard- und Software mit Beispieldatensätzen vorgestellt und anschließend das Gesamtsystem im Detail dargestellt. Ein praktischer Nachweis des eingeführten Konzepts wird mit verschiedenen Versuchsdatensätzen und Diagnoseabläufen durchgeführt. Die Resultate werden gegen eine „klassische" Diagnosearchitektur verglichen und bewertet. Abschließend wird ein durchschnittlicher Optimierungswert für die Diagnose in der Entwicklung berechnet.

5.1 Prototypische Umsetzung

Der in Kapitel 4 vorgestellte grundlegende Ansatz zur Qualitätssteigerung der remote Fahrzeugdiagnose wird im Folgenden als prototypische Umsetzung in Form eines zentralisierten und multivarianten asynchronen remote Diagnosesystems beschrieben. Abbildung 5.1 zeigt einen Überblick des Gesamtsystems. Das Diagnosesystem ist grob in drei Bereiche gegliedert. Das **Backend (1 bis 3)** mit Betriebssystem des Servers (Windows Server 2016), Datenbankinstanzen (Microsoft SQL Server 2019) und Diagnosesoftware. Die **Webservice-API (4)** ist für den Austausch von Diagnosedaten zwischen Client und Server, sowie des **fahrzeugseitige VCI mit Diagnoselaufzeitsystem (5)** verantwortlich.

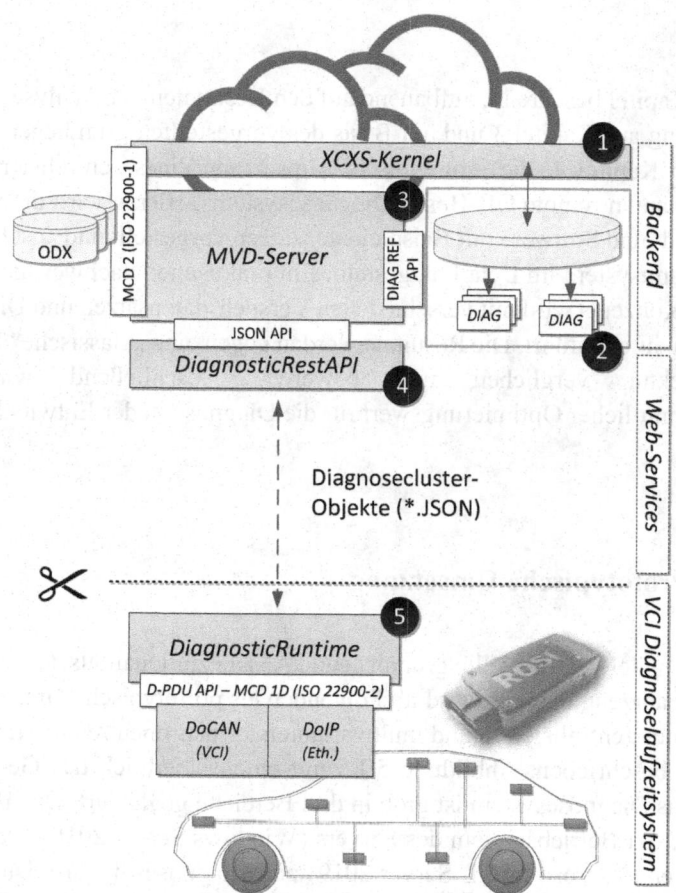

Abbildung 5.1: Prototypische Umsetzung eines zentralisierten und multivarianten remote Diagnosesystems, zur Steigerung der diagnostischen Messdatenqualität, aufgeteilt in drei Bereiche und fünf Punkte

Backend (Punkt 1 - 3)

Kern jedes Diagnosesystems ist die Softwarekomponente MVCI (Kapitel
2.1.3) als Laufzeitsystem zur Verarbeitung der Diagnose. Ein Teil dieser wissenschaftlichen Ausarbeitung umfasst die Untersuchung der möglichen Um-
setzungen und die Funktionsweise eines D-Servers. Hierzu wurde nach ISO
22901-1 eine D-Server-Softwarekomponente vollständig implementiert und
im Backend betrieben. Dadurch wurde die Flexibilität geschaffen proprietäre

API-Schnittstellen für ein neues asynchrones remote Diagnosesystem darzu-stellen, im Folgenden als **MVD-Server (Multi Variant Diagnostic Server)** benannt und als multivariantes Diagnose-Laufzeitsystem betrieben. Abbil-dung 5.1 zeigt den MVD-Server im oberen Bereich auf der linken Seite mit dem Punkt 3. Der MVD-Server übernimmt die Laufzeitanalyse der Diagnose-objekte als Vorstufe zum XCSC-Verfahren. Der MVD-Server ist angebunden an eine Quelle für Steuergerätebeschreibungsdaten (ODX). Kapitel 4.2 stellt bereits das neue XCXS-Verfahren vor, Ähnlichkeiten heterogener Daten zu berechnen und inkrementell zu gruppieren. Diese Kombination aus mathema-tischen Verfahren und Clustering Prozessen ist im Softwaremodell **XCXS-Kernel** implementiert. Abbildung 5.1 zeigt das Modul im oberen Bereich mit dem Punkt 1. Das XCXS-Modul ist äquivalent zum MVD-Server an eine pro-totypische Datenquelle für Steuergerätedaten angebunden (ODX) und verar-beitet neue Datenbasen, ad-hoc, in kürzester Zeit. Somit wird eine **agile** und **schnelllebige** Steuergeräteentwicklung beim Fahrzeughersteller (OEM) simu-liert. Die resultierenden Ähnlichkeitscluster sind als DIAG-COMM Objekte persistent in einer Referenzdatenbank gespeichert. Abbildung 5.1 zeigt die Da-tenbank schematisch mit den resultierenden DIAG-COMM Cluster im oberen rechten Bereich mit dem Punkt 2. Der MVD-Server hat Direktzugriff auf Steu-ergerätedatenbasen (PDX) und zusätzlich Zugriff auf die Ähnlichkeitscluster über diese Referenz-Datenbank. Zusammengefasst ermöglich das zentrali-sierte Backend mit XCXS-Kernel und MVD-Server das schnelle Verarbeiten von verschiedenen ODX-Daten und Generieren von steuergeräteübergreifen-den Diagnosecluster mit Änderungsinformationen.

Webservice-API (Punkt 4)

Als standardisierte und zustandslose Kommunikationsschnittstelle mit dem VCI-Diagnoselaufzeitsystem wurde im Rahmen dieser Arbeit eine spezielle **DiagnosticRestAPI** entworfen, entwickelt und implementiert. Hierbei wurde auf das verbreitete Übertragungsprotokoll HTTP (Hypertext Transfer Proto-col) und das Datenaustauschprotokoll JSON (JavaScript Object Notation) ge-setzt. JSON ist ein ressourcensparendes und für Mensch und Maschine leicht lesbares Austauschformat. Dokumente im JSON-Format stellen ungeordnete Mengen von Namen-Wert-Paaren und geordnete Listen von Werten dar [34]. Äquivalent zur Datenstruktur mit Referenzen von ODX (Ref-IDs und SN-IDs) ist es möglich JSON-Formate ineinander zu verschachteln bzw. komplexe Datenstrukturen darzustellen. Das System ermöglicht den Austausch von gruppierten JSON-Diagnoseobjekten oder JSON-Diagnoseabläufen in Form von Diagnosecluster über beliebige Remote-Schnittstellen.

Fahrzeugseitiges VCI mit Diagnoselaufzeitsystem (Punkt 5)

Als VCI (Vehicle Communications Interface) wurde eine Linux-basierende Hardware der ROSI Technology GmbH mit der Bezeichnung **R-Dongle** verwendet. Der R-Dongle wird über die OBD-Schnittstelle am Fahrzeug angebunden und unterstützt Diagnose-Over-CAN (DoCAN) und Diagnose-Over-IP (DoIP) vollständig. Auf Basis der D-PDU API nach ISO22900-2 wurde ein Laufzeitsystem entworfen, entwickelt und implementiert, im Folgenden bezeichnet als **DiagnosticRuntime**. Die DiagnosticRuntime ermöglicht das Verarbeiten und Aufbereiten von JSON-Diagnoseobjekten und JSON-Diagnoseabläufen. Über die D-PDU API können Diagnoseanfragen an das Zielsteuergerät gesendet und empfangen werden.

Für den praktischen Nachweis definiert das nachfolgende Kapitel 5.2 die betrachteten Steuergeräte und Versuchsdatensätze (ODX). Auf Grundlage des eingeführten XCXS-Verfahrens wird ein Parametersatz aus Gewichtungs- und Schwellwerten als XCXS-Konfiguration definiert. Darauf aufbauend beschreibt Kapitel 5.3 die berechneten Diagnosecluster als Datenpunkte im zweidimensionalen kartesischen Koordinatensystem, mit gewichteter Gesamtähnlichkeit $SIM_{L_x,L_{clst}}$, pro Cluster. Danach beschreibt Kapitel 5.4 die diagnostische Ablaufstrategie am fahrzeugseitigen VCI (R-Dongle) der diagnostischen Cluster. Abschließend vergleicht und bewertet Kapitel 5.5 die Ergebnisse aus der prototypischen Umsetzung gegen ein klassisches Diagnosesystem.

5.2 Versuchsdaten und Konfiguration

Dieses Kapitel stellt tabellarisch die Parametrierung des neuen XCSC-Verfahrens vor und beschreibt die gesetzten Gewichtungs- und Schwellwerte. Der Parameterdatensatz wird im Folgenden als **XCXS-Konfiguration** beschrieben. Als Versuchsträger für die prototypische Umsetzung wurde ein hybrides

Dieselfahrzeug der oberen Mittelklasse gewählt. Hierbei wurde der Fokus auf Antriebsstrangsteuergeräte gelegt. Dieses Unterkapitel stellt die eingesetzten **Versuchsdatensätze (ODX)** mit Diagnosediensten und Diagnosekategorien nach UDS vor. Die Daten basieren auf verschiedenen Software-Revisionen und Steuergerättypen.

5.2.1 Versuchsdatensätze Steuergerätbeschreibungen (ODX)

Für den praktischen Nachweis am Versuchsfahrzeug wurden die Diagnosedaten von drei Steuergeräten mit einem Referenzsystem (Werkstattdiagnosetester der Firma BOSCH) per Request und Response der UDS-Kommunikation ermittelt.

Der Fokus wurde auf das Motorsteuergerät, das Traktionsbatteriesteuergerät und das Getriebesteuergerät gelegt. Die Daten wurden schrittweise ins standardkonforme Dateiformat ODX überführt.

Tabelle 5.1: Übersicht der Zusammensetzung der Versuchsdatensätze bestehend aus drei Steuergerätetypen mit sieben Steuergeräte-Revisionen und Diagnosediensten (Diagnosekategorien)

ODX	Diagnose-dienste	Diagnosekategorien nach UDS	SW-Revisionen (simulativ)
Motorsteuergerät (Diesel)	42	Read Data By Identifier ($22) Read DTC Information ($19) Input Output Control By Identifier ($2F)	7 Varianten
Traktionsbatterie-Steuergerät	45	Read Data By Identifier ($22) Read DTC Information ($19)	7 Varianten
Getriebesteuergerät	33	Read Data By Identifier ($22) Read DTC Information ($19)	7 Varianten
Summe	**120**	($22 / $19 / $2F)	**21 Varianten**

Tabelle 5.1 zeigt zeilenweise den Steuergerätenamen (Spalte 1), die Anzahl der betrachteten Diagnosedienste (Spalte 2) und die korrespondierenden Diagnosekategorien nach UDS (Spalte 3).

Für eine repräsentative und möglichst umfassende Darstellung der verschiedenen Diagnosedienste wurden folgende Typen, Methoden, Kodierungen und Strukturen abgedeckt:

- **Physikalischen Umrechnungsmethoden** (LINEAR, IDENTICAL, TEXTTABLE, SCALE-LINEAR)
- **Parametertypen** (VALUE, CODED-CONST, RESERVED, MATCHING-REQUEST-PARAMETER)
- **Basis Datentypen** (A_INT32, A_UINT32, A_FLOAT32, A_FLOAT64, A_ASCIISTRING, A_UTF8STRING, A_UNICODE2STRING, A_BYTEFIELD)
- **Kodierungen** (LEADING_LENGTH_INFO_TYPE, PARM_LENGTH_INFO_TYPE, STANDARD_LENGTH_TYPE)
- **Daten-Strukturen** (DATA-OBJECT-PROPERTIES, END-OF-PDU-FIELDS, DTC-DATA-OBJECT-PROPERTIES, STRUCTURES, MUX)

Für eine detaillierte Beschreibung der aufgelisteten ODX-Klassen wird auf das Kapitel 2.2.1, beziehungsweise auf den Standard ISO 22901-1, verwiesen. Kapitel 3.5 stellt die Bedeutung von Software-Revisionen für Messdatenqualität in remote Diagnosesystemen dar. In der Spalte vier zeigt die Tabelle 5.1 die Anzahl der Varianten der SW-Revisionen.

Pro Steuergerät-Variante wurden Diagnosedienste im Zufallsprinzip entfernt, hinzugefügt und inhaltlich geändert. Der Betrachtungszeitraum wurde in Anlehnung an die Analyse aus Kapitel 3.2 in Abbildung 3.3 auf den gemittelten Wert der Änderungen (SW-Revisionen pro Steuergerät) für ein Quartal gesetzt. Daraus ergeben sich sieben Varianten für ein Motor, Getriebe- und Batteriesteuergerät.

Ziel dieser Simulation der SW-Revisionen ist eine möglichst realistische Annäherung an den Entwicklungsprozess im V-Model der Software von Diagnosefunktionen. Zusammengefasst ergeben sich für die drei Steuergeräte insgesamt 120 Diagnosedienste und 21 Steuergerätevarianten. Das nachfolgende Unterkapitel stellt die XCXS-Konfiguration für den angeführten Versuchsdatensatz vor.

5.2.2 XCXS-Konfiguration

Kapitel 4.3 führt das neue XCXS-Verfahren ein. Bevor iterativ geclustert werden kann, muss der Anwender verschiedene Gewichtungswerte und Schwellwerte setzen (XCXS-Konfiguration). Tabelle 5.2 zeigt die Konfiguration der Gewichtungs- und Schwellwerte für den praktischen Nachweis der angeführten Methode.

Tabelle 5.2: Übersicht Gewichtungs- und Schwellwerte für das ähnlichkeitsbasierende, inkrementelle Cluster-Verfahren (XCXS)

	Typ	Werte	Wertebereich	Beschreibung
Struktur (Gesamt)	Gewichtung global	$a = 1$	$a \in \mathbb{N}$	Gewichtung zwischen höheren und tieferen Strukturen.
Inhalt (Werte- und Merkmale)	Gewichtung pro Merkmal	$\omega_{high} = 10$ $\omega_{med} = 5$ $\omega_{default} = 1$	$\omega_i \in \mathbb{N}$	Je höher der Wert desto größer der Einfluss auf die Merkmale inhaltliche Ähnlichkeit.
Inhalt (Gesamt)	Gewichtung global	$\varepsilon = 0.25$	$0 \leq \varepsilon \leq 1$ $\varepsilon \in \mathbb{R}$	Gewichtungsfaktor zwischen Zeichenähnlichkeit (sim_{DLev}) und gewichteter Werte- und Merkmalähnlichkeit (sim_H^ω).
Struktur & Inhalt (Gesamt)	Gewichtung global	$\lambda = 0.75$	$0 \leq \lambda \leq 1$ $\varepsilon \in \mathbb{R}$	Gewichtungsfaktor zwischen der inhaltlichen Ähnlichkeit (*ContSim*) und der strukturellen Ähnlichkeit (*StrucSim*).
Cluster	Ähnlichkeitsschwelle	$Sim_{TH} = 0.88$	$0 \leq Sim_{TH}$ ≤ 1 $\varepsilon \in \mathbb{R}$	Schwellwert als gesamter Ähnlichkeitswert für inkrementelles Cluster.

Die erste Zeile in Tabelle 5.2 zeigt den **Gewichtungsfaktor a** zur Bestimmung der strukturellen Ähnlichkeiten nach dem LevelEdge-Verfahren (Kapitel 2.3.1). Nach dem standardisierten ODX-Datenmodell (ISO 229001) ist die Grundstruktur von DIAG-COMM Objekten in höheren Schichten grundlegend ähnlich oder identisch aufgebaut. Für die prototypische Umsetzung wurde ein Faktor von $a = 1$ gewählt. Der Strukturabstand in höheren Schichten besitzt somit keine höhere Gewichtung in dieser Betrachtung.

Zeile zwei in Tabelle 5.2 stellt den Gewichtungsfaktor ω_i aus der verallgemeinerten Hamming-Ähnlichkeit für Aufzählungen und Zahlen dar. Vorangegangene Analysen haben gezeigt, dass einzelne Diagnoseobjekte eine höhere Bedeutung für die Messqualität darstellen als andere. Daraus resultierte der Bedarf, verschiedene Gewichtungsgruppen einzuführen.

Tabelle 5.3:   Gewichtungsgruppen für die allgemeine Hamming-Ähnlichkeit für verschiedene Diagnoseobjekte

	Gruppe	Aufzählungen	Zahlen
Gewichtung (high)	$\omega_{high} = 10$	CATEGORY	CODED-VALUE BIT-LENGTH
Gewichtung (medium)	$\omega_{med} = 5$	BASE-TYPE-ENCODING BASE-DATA-TYPE	COMPU-NUMERATOR COMPU-DENOMINA-TOR
Gewichtung (default)	$\omega_{default} = 1$	Alle Weiteren (ISO29001)	Alle Weiteren (ISO29001)

Tabelle 5.3 zeigt eine Zuordnung von drei Gewichtungsgruppen mit den Merkmalen, Aufzählungen und Zahlen aus dem ODX-Datenmodell. Auf Basis der Analysen und Erkenntnisse aus Kapitel 3 wurden relevante ODX-Klassen, welche einen höheren Einfluss auf die spätere Messdatenqualität haben, stärker gewichtet. Mit einem Gewichtungsfaktor von $\omega_{high} = 10$ liegt der Fokus auf den ODX-Klassen Kodierwert, Bitlänge und Berechnungskategorien. In der zweiten Zeile zeigt die Tabelle 5.3 den mittleren Gewichtungsfaktor mit $\omega_{med} = 5$. Dieser konzentriert sich auf relevante Klassen, wie Datentypen und Umrechnungsparameter. Durch Variation der Gewichtungsfaktoren ω_i und Gewichtungsmerkmale ist es möglich die Schwerpunkte der inhaltlichen Ähnlichkeitsberechnung zu beeinflussen. Die Gewichtungsfaktoren und Merkmale wurden mit dem Ziel gewählt die Qualität der Messdaten zu erhöhen. Alle verbleibenden Klassen aus dem ODX-Datenmodell werden mit einer einfachen Gewichtung $\omega_{default} = 1$ berechnet.

Tabelle 5.2 definiert in Zeile drei, für die inhaltliche Gesamtähnlichkeit nach Kapitel 4.3.3 Gl. 4.5, einen Wert von $\varepsilon = 0.25$. Dieser Faktor ermöglicht es, den Schwerpunkt entweder auf Freitexte oder Aufzählungen beziehungsweise

Zahlen zu legen. Das vorangegangene Kapitel 3.4.1 stellt die Redundanzfreiheit des ODX-Datenmodells auf Basis von Referenzen dar. Diese Referenzen
werden immer als Freitextelemente, wie SN-Referenzen und ID-Referenzen,
abgebildet. Mit einem Faktor von $\varepsilon = 0.25$ ist der Schwerpunkt für Freitexte
in Ausprägung von Zeichenketten mit der normierten Damerau-Levenshtein-
Editierdistanz auf 75% gelegt. Lediglich 25% der errechneten inhaltlichen Gesamtähnlichkeit entsprechen Aufzählungen und Zahlen.

Weiterhin führt Tabelle 5.2 in Zeile vier die globale Gewichtung der Gesamtähnlichkeit (Struktur & Inhalt) mit dem Faktor $\lambda = 0.75$ auf. Nach Kapitel
4.3.4 Gl. 4.6 berechnet sich daraus ein Fokus von 75% auf die inhaltliche Ähnlichkeit. Strukturelle Ähnlichkeiten hingegen entsprechen einer Gewichtung
von 25%. Motiviert ist dieser Faktor aus der Tatsache, dass ein ODX-Objekt
einem standardisierten und heterogenen Datenschema folgt.

Der Ähnlichkeitsschwellwert für das in Kapitel 4.3.5 vorgestellte inkrementelle Clustering für Diagnoseobjekte ist in Tabelle 5.2 Zeile fünf auf den Wert
$Sim_{TH} = 0.88$ gesetzt. Dieser Wert wurde auf Grundlage der Analyse aus
Kapitel 4.3.5 Tabelle 4.2 gewählt. Der Schwellwert bestimmt die Clustergrö-
ßen der zu vergleichenden Diagnoseobjekte und stellt somit einen entscheidenden Faktor für die spätere Größe der Diagnosecluster dar.

Zusammengefasst, beinhaltet die vorgestellte XCSC-Konfiguration einen in-
dividuellen anwenderspezifischen Parametersatz aus fünf Freiheitsgraden. Der
Ähnlichkeitsschwellwert Sim_{TH} besitzt den größten Einfluss auf die Messdatenqualität und Messdatenverfügbarkeit.

5.3 Diagnose-Cluster

Dieses Kapitel stellt die berechneten Diagnose-Cluster nach dem neuen
XCXS-Verfahren vor. Basis der Resultate sind die XCXS-Konfiguration aus
Kapitel 5.2.2 und die Versuchsdatensätze aus Kapitel 5.2.1. Die Zusammensetzung von drei ausgewählten Clustern wird im Folgenden detailliert beschrieben.

Abbildung 5.2 zeigt berechnete XCXS-Cluster für jeweils sieben ODX-Revisionen von Motor-, Getriebe- und Batteriesteuergerät mit einem Clusterschwellwert von $Sim_{TH} = 0.88$. Jeder Punkt im Koordinatensystem entspricht einem Diagnosedienst (DIAG-COMM) im Cluster. Insgesamt wurden aus 120 verschiedenen Diagnosediensten in sieben Varianten, 64 Cluster inkrementell berechnet. Abbildung 5.2 zeigt exemplarisch fünf Cluster, die durch eigene Typen der Datenpunkte gekennzeichnet sind. Für eine erweiterte Abbildung der Cluster von 1 bis 41 wird auf Anhang A.1 verwiesen.

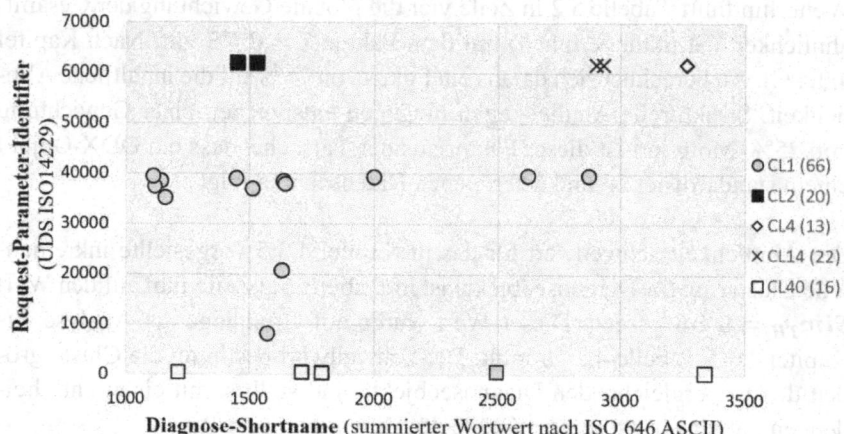

Abbildung 5.2:   Geclusterte Datenpunkte bestehen aus DIAG-COMM Objekten nach
dem XCXS-Verfahren über den summierten Wortwert von Diagnose
Shortnames nach ISO 646 ASCII in x-Richtung und Request-Parameter-Identifier als Ganzzahl nach UDS in y-Richtung für Motor-, Getriebe- und Batteriesteuergeräte

Im rechten Randbereich zeigt die Abbildung 5.2 eine Legende der Clusterdatenpunkte (CL1, CL2, CL4, CL14 und CL40) mit der Gesamtanzahl der Diagnosedienste. Das DIAG-COMM Objekt, ein Datenpunkt in Abbildung 5.2, stellt immer eine verzweigte und heterogene Datenstruktur mit verschiedenen Dateninhalten dar.

Wie bereits in Kapitel 3.4.2 beschrieben, nehmen die Shortname-Referenzen und Identifier-Referenzen eine besondere und essentielle Rolle im ODX-Datenmodell ein. Folglich wurden zur Visualisierung der Cluster im zweidimensionalen kartesischen Koordinatensystem Shortnames und der Request-Parameter-Identifier nach UDS als Hauptkomponenten ausgewählt. Request-

Parameter-Identifier sind in Abbildung 5.2 auf der y-Achse als positive Ganzzahlen aufgetragen. Die Zeichenketten in x-Richtung wurden nach ISO 646 (American Standard Code for Information Interchange - ASCII) in summierte Wortwerte überführt. Beispielsweise entspricht der Diagnosedienst mit dem Shortname „**VIN_ReadOut**" einem Wortwert von **1084** für die x-Achse und einen Request-Parameter-Identifier der positiven Ganzzahl **61856 (0xF1A0)** für die y-Achse. Die y-Achse stellt den zwei Byte großen Speicherbereich im Steuergerät zwischen 0 bis 65535 (0x0000 bis 0xFFFF) für Diagnoseanfragen dar.

Das **Cluster CL1** besteht aus 66 DIAG-COMMs und 12 verschiedenen Diagnosediensten des Motorsteuergerätes. Alle Diagnosedienste gehören zu der UDS-Kategorie „Read Data By Identifier" ($22). Dieses Cluster besitzt die größte Streuung in x- und y-Richtung und ist in der Abbildung 5.2 als kreisförmiger Datenpunkt dargestellt. Zwischen dem Speicherbereich des Steuergerätes von 35000 (0x88B8) bis 41000 (0xA028) befindet sich der Großteil der DIAG-COMMs.

Cluster CL2 umfasst 20 DIAG-COMMs aus dem Motor- und Getriebesteuergerät. Insgesamt besteht das Cluster aus drei verschiedenen Diagnosediensten zum Auslesen der Fahrzeug-Identifikationsnummer (FIN). Das Verfahren erkennt automatisiert Diagnosedienste vom gleichen Typ. In Abbildung 5.2 sind die Datenpunkte des Clusters 2 als ausgefüllte Vierecke aufgeführt. Die Wortwerte der Shortnames in x-Richtung (1451 bis 1533) und die Speicheradressen der Request-Parameter in y-Richtung (61840 bis 61856) liegen nahe beieinander.

Ähnliche Charakteristik weisen die nachfolgenden **Cluster CL4** (Datenpunkte Trapez) und **Cluster CL14** (Datenpunkte Kreuze) auf. Das Cluster CL4 umfasst 13 DIAG-COMMs und das Cluster CL14 22 DIAG-COMMs. Beide Cluster bestehen aus einem Diagnosediensttyp mit jeweils zwei Steuergeräten. Das XCXS-Verfahren ermöglicht das Gruppieren von Diagnosediensten steuergeräteübergreifend. Die Datenpunkte der beiden Cluster streuen in x- und y-Richtung kaum.

Das letzte Cluster **CL40** aus Abbildung 5.2 besteht aus DIAG-COMMs des Batteriesteuergerätes. Insgesamt sind im Cluster fünf verschiedene Diagnosetypen zum Auslesen von Zellspannungen (Einzel-, Gesamt- und Durchschnittspannungen) aufgeführt. Die Dienste sind im niedrigen Speicherbereich von 303 bis 520 implementiert (y-Richtung), wobei die Diagnosedienstbezeichnungen (Shortnames) stark in x-Richtung variieren.

Die fünf exemplarischen Cluster aus den Versuchsdatensätzen zeigen, wie das XCXS-Verfahren die Diagnosedienste über Steuergerätetypen und Steuergeräte-Revisionen effizient und automatisiert gruppiert. Das Verfahren erkennt gleiche und sehr ähnliche Diagnosedienste über Steuergeräte hinweg. Das ermöglicht dem Diagnosesystem grundlegend auf zusätzliche Daten zuzugreifen. Zusätzlich gruppiert das Verfahren automatisch Dienstrevisionen. Über Ähnlichkeitsmatrizen für XCXS-Cluster ist es möglich, anhand der Gesamtähnlichkeiten $SIM_{L_x, L_{clx}}$ relevante Datenänderungen für das Diagnosesystem zu erkennen und für spätere Analysen zu nutzen.

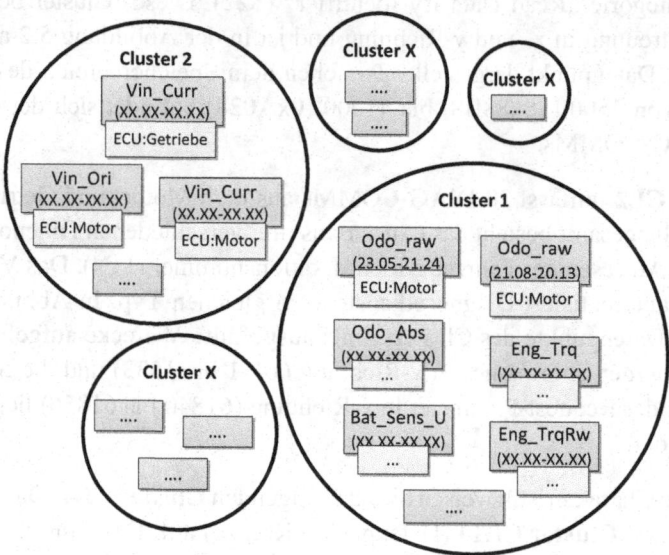

Abbildung 5.3: Schematische Darstellung der berechneten Cluster mit, Diagnosediensten und Steuergeräten nach dem XCXS-Verfahren

Abbildung 5.3 zeigt schematisch und anschaulich die resultierenden Diagnosecluster, die aus steuergeräte- und revisionsübergreifenden Mengen von Diagnoseobjekten bestehen.

Die nachfolgende Tabelle 5.4 führt die inkrementell geclusterten und gewichteten Gesamtähnlichkeiten $SIM_{L_x, L_{cl_1}}$ für alle ODX-Revisionen des Clusters 1 exemplarisch auf. Duplizierte DIAG-COMMs nach dem DBC-Verfahren sind mit einem hochgestellten Stern gekennzeichnet (siehe Kapitel 4.3.6). Der Diagnosedienst für den Rohwert des Kilometerstands „Odo_raw" besitzt die höchste Ähnlichkeit zum Cluster 1 und stellt somit die Referenz für das Cluster dar (Zeile 1).

Tabelle 5.4: Matrix der gewichteten Gesamtähnlichkeiten $SIM_{L_x,L_{cl1}}$ des Cluster 1, bestehend aus 12 verschiedenen Diagnosediensten (insgesamt 66 DIAG-COMMs) eines Motorsteuergerätes mit sieben ODX-Revisionen (20.13 bis 23.05)

$SIM_{L_x,L_{cl1}}$ CLUSTER1	ODX-Revision						
	23.05	23.03	22.00	21.24	21.08	20.14	20.13
Odo_raw	1.0	1.0	1.0	1.0	0.998	0.998	0.998
Odo_Abs	0.923	0.923	0.923	0.923	0.923	0.923	0.923
Bat_Sens_U	0.873	0.873	0.873	0.873	x	x	x
Engine_Trq	0.871	0.871	0.871	0.871	0.871	0.888*	0.888*
Eng_TrqRw	0.870	0.870	0.870	0.870	0.870	0.872	x
VehV	0.867	0.867	x	x	x	x	x
Eng_Speed	0.866	0.866	0.866	x	0.855	0.855	0.856*
PartFil	0.861	0.861	0.861	0.861	x	x	x
EngC_Temp	0.861	0.861	0.861	0.861	0.861	0.861	x
CatTempModel	0.857	0.857	0.857	0.857	x	x	x
AdaptKmCat	0.855	0.855	0.855	x	x	x	x
AvgTempCat	0.852	0.852	0.852	0.852	0.852	0.866*	x

* duplizierte Diagnosedienste nach DBC-Verfahren

Die Diagnosedienste in Tabelle 5.4 sind nach absteigender Gesamtähnlichkeit $SIM_{L_x,L_{cl1}}$ von oben nach unten geordnet. Der Diagnosedienst für die durchschnittliche Katalysatortemperatur „AvgTempCat", ist mit einer Ähnlichkeit von $SIM_{L_x,L_{cl1}} = 0.852$ für Revisionen 23.05 bis 21.08 am unteren Ende des Clusters.

Die berechneten Cluster werden, in dieser prototypischen Umsetzung für ein asynchrones remote Diagnosesystem (Kapitel 5.1), als JSON-Format an das VCI gesendet (XCXS-JSON-Datenobjekt). Abhängig vom Anwendungsfall und Fokus des Diagnosesystems ist es möglich, den diagnostischen Datenumfang eines Diagnoseclusters zu variieren. Das kleinste und einfachste Clusterobjekt besteht aus den diagnostischen Anfrageinformationen. Abbildung 5.4 zeigt exemplarisch das Cluster CL1 als JSON-Datenobjekt für den Fall der Diagnoseausführung ohne Laufzeitinterpretation (nur mit diagnostischen Anfrageinformationen) für den Diagnosedienst „Engine_Trq" des Motorsteuergerätes.

```
{                                                    {
  "xcxs":{                                             "xcxs":{
    "uuid":"dda4faf2-8475-44a7-8e1d-141b3e537bfb",       "uuid":"3de17b0d-55a3-447e-b964-f5f519;
    "cluster":"cl1",                                     "cluster":"cl1",
    "sim": "0.871",                                      "sim": "0.888",
    "revision":["23.05", "23.03","22.00", "21.24", "21.08"],  "revision":["20.14", "20.13"],
    "dbc": false                                         "dbc": true
  },                                                   },
  "id": "Basis.Motor.DC.Engine_Trq",                   "id": "Basis.Motor.DC.Engine_Trq",
  "variant": "Basis.MOTOR",                            "variant": "Basis.MOTOR",
  "description": "Drehmoment Motor",                   "description": "Drehmoment Motor",
  "shortName": "Engine_Trq",                           "shortName": "Engine_Trq",
  "longName": "Engine Torque",                         "longName": "Engine Torque",
  "request": {                                         "request": {
    "shortName": "RQ_Engine_Trq",                        "shortName": "RQ_Engine_Trq",
    "longName": "RQ Engine Torque",                      "longName": "RQ Engine Torque",
    "id": "Basis.Motor.Request.Engine_Trq",              "id": "Basis.Motor.Request.Engine_Trq",
    "sidParams": {                                       "sidParams": {
      "decVal": "34",                                      "decVal": "34",
      "hexVal": "22",                                      "hexVal": "22",
      "bytePos": "0",                                      "bytePos": "0",
      "bitLen": "8"                                        "bitLen": "8"
    },                                                   },
    "pidParams": {                                       "pidParams": {
      "decVal": "35190",                                   "decVal": "35190",
      "hexVal": "8976"                                     "hexVal": "8977", }
      "bytePos": "1",                                      "bytePos": "1",
      "bitLen": "16",                                      "bitLen": "16",
      "byteLen": null                                      "byteLen": null
    },                                                   },
    "subFuncParams": null,                               "subFuncParams": null,
    "dataParams": []                                     "dataParams": []
  }                                                   }
}                                                   }
```

Abbildung 5.4: XCXS-JSON-Datenobjekte für den Diagnosdienst „Engine_Trq" des Motorsteuergerätes, als datenreduziertes Anfrageobjekt für sieben Revisionen für das Cluster CL1

Die sieben Diagnosedienst-Revisionen sind in zwei JSON-Objekte aufgeteilt. Auf der linken Seite der Abbildung ist der Diagnosedienst für die Revisionsnummern 23.05 bis 21.08 und auf der rechten Seite der Diagnosedienst für die Revisionsnummern 20.14 und 20.13 dargestellt. Am Anfang jedes XCXS-JSON-Datenobjekts stehen Cluster- und Ähnlichkeitsdaten (gestricheltes Rechteck).

Das nachfolgende Kapitel 5.4 zeigt eine Anfragestrategie auf Basis dieser Informationen. Der Unterschied in diesem Beispiel ist der hexadezimale Wert des Parameter-Identifiers der diagnostischen Anfrage (hexVal).

Die Abstände der Gesamtähnlichkeiten $SIM_{L_x,L_{cl1}}$, zwischen den zwei JSON-Objekten, sind entscheidend für die Ausführungsreihenfolge.

Grundlegend stehen dem Laufzeitsystem mehr als eine Anfrage- und Interpretationsmöglichkeit zur Verfügung. Die Diagnosecluster ermöglichen eine multivariante Diagnoseausführung. Das nachfolgende Kapitel 5.3 mit dem Titel „Diagnostische zweistufige Anfragestrategie" beschreibt eine diagnostische Ausführungsstrategie am Beispiel des Clusters 1 ausgehend vom Diagnosedienst „Engine_Trq".

5.4 Diagnostische zweistufige Anfragestrategie

Insgesamt wurden in Kapitel 5.3 64 Diagnosecluster aus drei verschiedenen Steuergeräten berechnet. Im klassischen deterministischen Diagnosesystem werden Diagnosedienste eindeutig nach Shortname oder Identifier an ein Zielsteuergerät per Hexadezimal-Request gesendet (SPOT-Prinzip, Kapitel 3.4.2). Das neue Konzept erweitert diesen Mechanismus um Diagnosecluster verschiedener Größe und Zusammensetzung. Die im Folgenden dargestellte Anfragestrategie ermöglicht das Versenden von mehreren Anfragen pro Dienst und Steuergerät. Ungeachtet der Antwort vom Steuergerät wird dieser Mechanismus chronologisch ausgeführt. Die Interpretation der Diagnosekommunikation wird in diesem Fall auf das Backend verlagert. Dadurch kann eine effiziente und einfache Diagnosekommunikation gewährleistet werden. Die folgende zweistufige Anfragestrategie stellt eine Variante der Diagnose dar. Das neue multivariante Cluster nach dem XCXS-Verfahren ermöglicht verschiedene Strategien der Anfrage oder Interpretation der Diagnose.

Am Beispiel der tabellarischen Darstellung des Clusters 1 (Tabelle 5.4) für den Diagnosedienst **„Engine_Trq"** (Motordrehmoment) zeigt Abbildung 5.5 die angewendete Anfragestrategie.

$SIM_{L_x.L_{e11}}$ CLUSTER 1	ODX-Revision						
	23.05	23.03	22.00	21.24	21.08	20.14	20.13
Odo_raw	1.0	1.0	1.0	1.0	0.998	0.998	0.998
Odo_Abs	0.923	0.923	0.923	0.923	0.923	0.923	0.923
Bat_Sens_U ④	0.873	0.873	0.873	0.873	x ②	x	x
Engine_Trq	0.871	0.871	0.871	0.871	0.871	0.888*	0.888*
Eng_TrqRw ③	0.870 ①	.870	0.870	0.870	0.870	0.872 ⑤	
VehV	0.867	0.867	x	x	x	x	x

Abbildung 5.5: Anfragereihenfolge für den Diagnosedienst „Engine_Trq" für das Cluster 1 zur Diagnoselaufzeit (1 bis 5)

Die Anfragereihenfolge ist in Abbildung 5.5 mit den eingekreisten Zahlen 1 bis 5 aufgeführt. Die Strategie teilt sich grob in zwei Teile:

Teil 1 – Anfrageänderung durch ODX-Revisionen (Schritt 1 und 2):

Im ersten **Schritt (1)** erstellt und sendet das System einen diagnostischen Request mit der aktuellen ODX-Revision (23.05) und der eindeutigen Shortname-Referenz „Engine_Trq" (äquivalent zu einem klassischen Diagnoselaufzeitsystem).

Im zweiten **Schritt (2)** prüft das System die Änderungshistorie des DIAG-COMMs über alle verfügbaren ODX-Revisionen anhand der gewichteten Gesamtähnlichkeit $SIM_{LEngine\_Trq,Lclst}$ (Zeile 6). Tabelle 5.4 zeigt ab Spalte sieben (Revision 20.14) erstmalig eine Änderung der Ähnlichkeit von 0.871 auf 0.888. Für die Anfragestrategie zur Diagnoselaufzeit liegt der Fokus auf der Zusammensetzung des hexadezimalen Request. Aus dem Gesamtähnlichkeitswert ist es nicht möglich, direkt eine Änderung im Diagnoseobjekt abzuleiten. Zur Laufzeit wird über einen einfachen Wertevergleich geprüft, ob sich die Zusammensetzung des REQUST-Objekts geändert hat. Ist dies der Fall, wird eine zweiter Request an das Zielsteuergerät abgesetzt. Abhängig davon, wieviel Änderungen in den Ähnlichkeitswerten vorkommen, können auch mehr Anfragen ans Zielsteuergerät abgesetzt werden.

Teil 2 – Ähnlichkeitsbetrachtung innerhalb des Clusters (ab Schritt 3):

Im zweiten Teil der Anfragestrategie liegt der Fokus auf sehr ähnlichen Diagnosediensten des Zielsteuergerätes. Erfahrungen aus den schnelllebigen Entwicklungen haben gezeigt, dass dadurch kleine Formfehler im Erstellprozess der ODX wirksam erkannt werden können. Das Verfahren ermittelt die Diagnosedienste mit der kleinsten Differenz zwischen den Gesamtähnlichkeiten und schickt diese aufsteigend ans Zielsteuergerät. Abbildung 5.5 zeigt mit **Schritt 3** und **Schritt 4** die zwei Diagnosedienste „Eng_TrqRw" und „Bat_Sens_U".

In **Schritt 5** (Spalte sieben) wird ähnlich zu Teil 1 der Strategie die Anfrageänderung nach ODX-Revisionen geprüft. Hierbei orientiert sich das Verfahren jedoch an den ermittelten ODX-Revisionen aus Teil 1.

Tabelle 5.5 veranschaulicht chronologisch von oben nach unten die abgesetzten Anfragen und Antworten in Hexadezimal an das Zielsteuergerät (Motor) auf Basis der Anfragestrategie aus Abbildung 5.5.

Tabelle 5.5: Ausführen des Diagnosediensts „Engine_Trq" auf Basis des Diagnoseclusters 1 mit Anfragestrategie

	DIAG-COMM	Revision (ODX)	Anfrage (UDS-REQUEST)	Antwort (UDS-RESPONSE)	Zeit (Antwort)
1	Engine_Trq	23.05	0x22 8976	0x7F 2233	**20ms**
2	Engine_Trq	20.14	0x22 8977	**0x62 8977 F1A3**	18ms
3	Eng_TrqRw	23.05	0x22 F1234	(P2-Timeout)	2500ms
4	Bat_Sens_U	23.05	0x22 F100	(P2-Timeout)	2500ms
5	Eng_TrqRw	20.14	0x22 F1244	**0x62 F1244 2F**	17ms
			Laufzeit der Diagnosekommunikation:		**5055ms**

Tabelle 5.5 Spalte fünf „Antwort" veranschaulicht den Hauptvorteil des eingeführten Diagnosesystems mit Cluster nach dem XCXS-Verfahren. Alle Anfragen ausgehend vom Revisionsstand 23.05 des Motorsteuergerätes sind entweder negativ (Zeile 1) oder das Zielsteuergerät antwortet nicht und es kommt zu einem Timeout in der Kommunikation. Ein klassisches Diagnosesystem hätte in diesem Fall keine Möglichkeit, das Drehmoment des Motors zu ermitteln. Durch das XCXS-Verfahren, in Kombination mit der Anfrage-

strategie, stehen dem Diagnoselaufzeitsystem mehr Resultatdaten zur Verfügung.

Zusammengefasst erhöht die Anfragestrategie die Messgenauigkeit und die Fehlertoleranz, im Vergleich zu einer einfachen Anfrage, signifikant. Ein Nachteil dieser Strategie ist die erhöhte Zeit der Diagnosekommunikation. Von einer einfachen Anfrage mit negativer Antwort (Zeile 1) im klassischen System von 20ms erhöht sich die Gesamtlaufzeit auf 5055ms mit XCXS-Diagnosecluster. Den größten Teil der Antwortzeit nehmen P2-Timeouts ein.

Es existieren verschiedene Ansätze, die erhöhten Laufzeiten durch den Einsatz von künstlicher Intelligenz oder wissensbasierten Methoden zu korrigieren. Die Optimierung der Ausführungszeiten ist Bestandteil weiterer Untersuchungen und Analysen, die über diese Arbeit hinausgehen. Die Zielaspekte Vollständigkeit, Verfügbarkeit und Zuverlässigkeit von Messresultaten können mit diesem Verfahren erreicht werden.

5.5 Nachweis zur Qualitätssteigerung von diagnostischen Messdaten

Dieses Kapitel vergleicht die Messresultate der prototypischen Umsetzung, nach dem XCXS-Verfahren mit der zweistufigen Anfragestrategie, gegen ein klassisches konduktives Diagnosesystem mit ISO-konformen MVCI-Server. Als Ablaufsprache im klassischen System wurde das standardisierte OTX-Format verwendet. Abbildung 5.6 zeigt in Anlehnung an das Kapitel 3.5 „Verteilte Diagnosedaten im System" den datenorientierten Aufbau eines Diagnosesystems. Von links nach rechts sind drei Datencontainer (Ablaufdaten, ODX-Daten und Daten der Zielsteuergeräte) dargestellt. Auf Basis der eingeführten Versuchsdaten aus Kapitel 5.2.1 wird im Folgenden ein klassisches Diagnosesystem **(DSC)** und das neue multivariante und asynchrone remote Diagnosesystem mit dem XCSC-Verfahren **(DSX)** verglichen.

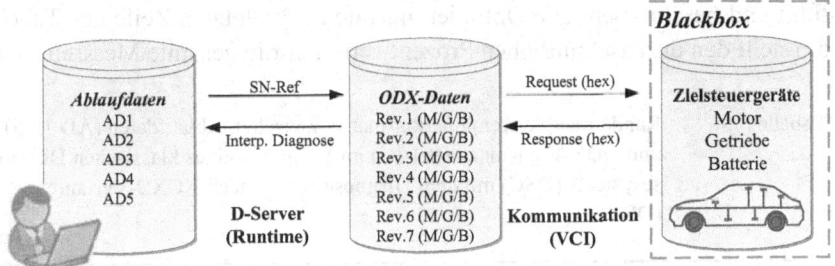

Abbildung 5.6: Abstrahiertes Diagnosesystem auf Datenebene zwischen Ablaufdaten, Beschreibungsdaten und Testfahrzeug als Blackbox mit Motor-, Getriebe- und Batteriesteuergerät

Wie bereits in Kapitel 5.2.1 beschrieben, besteht der Versuchsdatensatz aus drei verschiedenen Steuergeräten (Motor, Getriebe und Batterie) mit jeweils sieben Revisionen der Datenbasen (Container in der Mitte). Versuchsträger ist ein hybrides Fahrzeug der oberen Mittelklasse ausgewählt. Abbildung 5.6 zeigt dieses als „Blackbox" rechts im Schaubild. Der linke Datencontainer stellt die erzeugten Ablaufdaten 1 bis 5 dar. Diese wurden per Zufall aus den ermittelten Versuchsdaten (Kapitel 5.2) ausgewählt und beschränken sich auf 10 Diagnosedienste pro Steuergerät. Als Anfragestrategie im DSX-System, zur Diagnoselaufzeit im Fahrzeug, wurde das zweistufige Verfahren aus Kapitel 5.4 verwendet. Bei der Messreihe wurde berücksichtigt, dass keine Diagnosedienste doppelt vorkommen.

Ziel dieses Vergleichs ist es, die Änderungsdynamik in Kombination mit der Variantenvielfalt aus der Entwicklung zu simulieren (Kapitel 3.1). Hierzu wurden die Ablaufdaten über die ODX-Daten randomisiert. Tabelle 5.6 zeigt die ersten fünf resultierenden Kombinationsmatrizen bestehend aus ODX-Revisionen R.1 bis R.7 als Zeilen und die diagnostischen Abläufe AD1 bis AD5 als Spalten.

R.7 entspricht dem neusten Softwarestand des Steuergerätes des Testfahrzeuges. Die Messreihe für den Ablauf 5 (AD5) besteht somit aus den ODX-Beschreibungsdaten mit dem Motorsteuergerät R.1, dem Getriebesteuergerät R.2 und einem Batteriesteuergerät R.4. Für jede Messreihe zeigt Tabelle 5.6 in den letzten drei Zeilen die Fehlerraten und die durchschnittliche Optimierungsrate. Diese Fehlerraten beziehen sich auf das DSC und stellt vereinfacht das Verhältnis zwischen erfolgreicher und fehlerhafter Diagnose dar. Die verschiedenen Fehlertypen und Ausprägungen werden in Kapitel 3.2 aufgeführt und beschrieben. Die Optimierungsrate in der letzten Zeile aus Tabelle 5.6 stellt den durchschnittlichen Prozentwert über die gesamte Messreihe dar.

Tabelle 5.6:   Randomisierte Kombinationsmatrix zwischen Ablaufdaten (AD 1 - 5) und ODX-Revisionen (R.1 - 7) im Vergleich eines klassischen Diagnosesystems (DSC) mit dem Diagnosesystem nach XCXS-Verfahren (DSX)

	AD1			AD2			AD3			AD4			AD5		
	M	G	B	M	G	B	M	G	B	M	G	B	M	G	B
R.1	x	x	x	x	x	x	x	x	x	x	xc	x	xc	x	x
R.2	x	x	x	x	x	x	x	x	xc	x		x	xc	x	
R.3	x	x	x	x	x	x	x	x		x		x			x
R.4	x	x	x	xc	x	x	x	xc		xc		x			xc
R.5	x	x	x		x	xc	xc				x				
R.6	x	x	x	xc							x				
R.7*	xc	xc	xc								xc				
DSC	0,0%			10,0%			20,0%			6,7%			26,7%		
DSX	0,0%			3,3%			6,7%			3,3%			10,0%		
OPT	0.0%			6,7%			13,3%			3,4%			16,7%		

(*neuste ODX-Revision, äquivalent zum Testfahrzeug)

AD5 in Tabelle 5.6 besitzt die größte Fehlerrate mit 16,7%. Von den insgesamt 30 ausgeführten Diagnosediensten konnten im Fall AD5, im klassischen Diagnosesystem (DSC), nur 22 erfolgreich ermittelt werden. Bei fünf war bereits die Diagnosekommunikation aufgrund von negativen Responses oder Timeouts unvollständig. Weitere drei konnten vom D-Server nicht erstellt werden (fehlender SN-Ref) oder nicht vollständig interpretiert werden (Out-Of-Bound). Ursache sind in diesem Fall die stark veraltete Datenbasis für das Motor- und Getriebesteuergerät. Das Diagnosesystem (DSX) hingegen zeigt eine Optimierung von 16,7% gegenüber dem klassischen System. Die Fehlerrate liegt bei einem niedrigen Wert von 10,0%.

Tabelle 5.7 berechnet alle 343 Kombinationen pro Ablaufdatensatz. Die 343 Kombinationen berechnen sich aus drei Steuergeräten für jeweils sieben ODX-Varianten.

Die Gesamtanzahl der Kombinationen wurde ohne Wiederholungen und ohne Reihenfolge berechnet. Jede Revisions-Kombination kommt pro Ablauf nur einmal vor. Die Reihenfolge der Steuergeräte ist für diese Betrachtung nicht relevant. Zusammengefasst ergeben sich 1715 Datensätze und damit 1715 Fehlerraten und Optimierungsraten.

Tabelle 5.7:   Randomisierte Kombinationsmatrix zwischen Ablaufdaten (AD 1 - 5) und ODX-Revisionen (R.1 – R.7) für 343 mögliche Revisions-Kombinationen mit durchschnittlichen Fehlerraten und Optimierungsraten für ein klassisches Diagnosesystem (DSC) und das Diagnosesystem nach XCXS-Verfahren (DSX)

	AD1			AD2			AD3			AD4			AD5		
	M	G	B	M	G	B	M	G	B	M	G	B	M	G	B
R.1 R.2	343 Varianten			343 Varianten			343 Varianten			343 Varianten			343 Varianten		
$DSC_\emptyset$	41,1%			26,6%			33,0%			34,2%			22,2%		
$DSX_\emptyset$	20,1%			13,4%			9,1%			15,3%			10,1%		
$OPT_\emptyset$	21,1%			13,2%			23,9%			18,9%			12,1%		
$OPT_{\emptyset,rel}$	51,3%			49,6%			72,4%			55,3%			54,5%		
$OPT_{\emptyset,ges}$	**56,63%**														

Die letzten vier Zeilen in Tabelle 5.7 zeigen die durchschnittlichen Fehlerraten und Optimierungsraten für diese Messreihe. Die letzte Zeile fasst die durchschnittlichen Werte der Verbesserung zwischen DSC und DSX zusammen und führt die gesamte Optimierungsrate auf. Die durchschnittliche Gesamtoptimierung für alle Messreihen berechnet sich aus der durchschnittlichen relativen Verbesserung bezogen auf die jeweilige Fehlerrate $DSC_\emptyset$ zu $OPT_{\emptyset,ges} = 56,63\%$. Im direkten Vergleich zwischen DSC und DSX erhöht das eingeführte neue Diagnosesystem die Verfügbarkeit und Qualität der Messdaten signifikant, um mehr als die Hälfte. Insbesondere im Umfeld der Entwicklung mit verteilten und asynchronen Softwareständen spielt dieses Verfahren seine Vorteile aus.

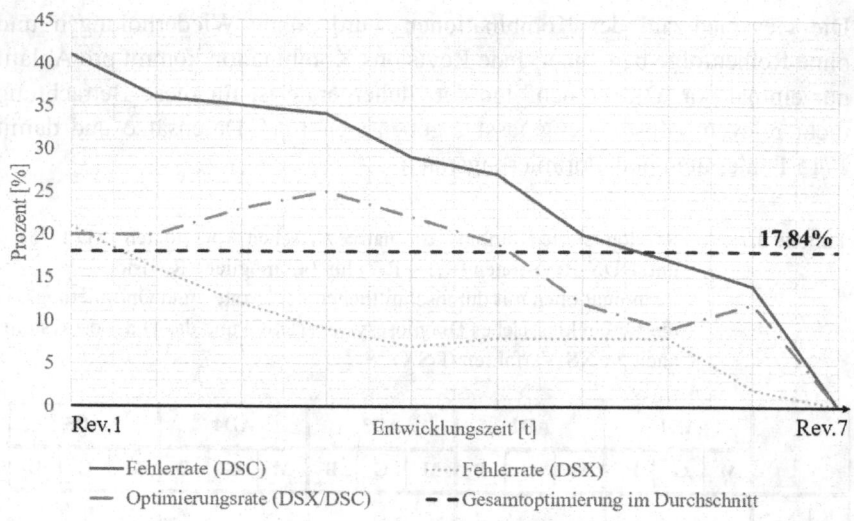

Abbildung 5.7: Qualitative Darstellung der Fehler- und Optimierungsrate der Diagnose in Prozent für das klassische und die XCXS-Diagnosesystem über die Entwicklungszeit

Abbildung 5.7 zeigt Fehler- und Optimierungsrate über die simulierte Entwicklungszeit in Prozent. Die Entwicklungszeit steht hier stellvertretend für die ODX-Revisionen in Kombination der aufgeführten drei Steuergeräte (Rev.1 bis Rev.7). Von links nach rechts (x-Achse) steigen die SW-Versionen der Datenbasen und die Fehlerraten sinken. Im Durchschnitt, über alle Versuchsdatensätze, kann die Fehlerrate der Diagnose um den absoluten Wert von 17,84% reduziert werden. Die vorgestellten Messreihen berücksichtigen hauptsächlich die Veränderungen der ODX-Revisionen über die Zeit. Der Softwarestand des Testfahrzeuges (Blackbox) und die Ablaufdaten bleiben über die Zeit unverändert.

Im abschließenden Kapitel 6 dieser Ausarbeitung werden die Kernaussagen dieser Arbeit zusammengefasst und Vorschläge für weitere Untersuchungen in Form eines Ausblicks diskutiert.

6 Zusammenfassung und Ausblick

6.1 Zusammenfassung

Bereits in der frühen Phase der Fahrzeugentwicklung, bis zum Serienbetrieb, sind diagnostische Messdaten ein entscheidender Faktor für die Qualität und den Reifegrad des Fahrzeuges, als Produkt. Im aktuellen Umfeld der Variantenvielfalt und Änderungsdynamik kommt es zunehmend vor, dass wichtige Daten und Resultate der Diagnose invalide, unvollständig oder nicht verfügbar sind. Insbesondere in remote Diagnosearchitekturen treten fehlerhafte Diagnosen häufig auf. Die Gründe hierfür sind unterschiedlich und oft nur indirekt zu lokalisieren. Das Identifizieren der Ursachen ist aufgrund fehlender diagnostischer Informationen oft nicht möglich.

Die Analysen und Forschungen dieser Ausarbeitung befassen sich mit der Fragestellung: **„Wie können diagnostische Fehler und invalide Messdaten identifizierbar gemacht werden, damit die Qualität der Resultate erhöht wird?"**.

Im Rahmen der Analyse von datengetriebenen Off-Board-Diagnose-Systemen wurde die hohe Änderungsdynamik von ODX-Datenbasen (Revisionen) und die Variantenvielfalt verschiedener Baureihen anhand von Daten aus der Praxis untersucht und beschrieben. Verschiedene Aufteilungskonzepte aus der Literatur für remote Diagnosearchitekturen wurden von Eigenschaften wie „Synchronität der Daten" und „Zuverlässigkeit und Verfügbarkeit" bewertet. Herausforderungen im standardisierten Datenmodell (ODX), ungenaue Änderungsverfolgungen, Single-Point-Of-Truth und statische Daten im dynamischen Diagnosesystem wurden identifiziert. Diese Arbeit abstrahiert erstmalig ein Diagnosesystem in eine datengetriebene Abstraktionsebene. Diese vereinfachte Sicht besteht aus diagnostischen Ablaufdaten, ODX-Daten und Steuergerätedaten. Ausgehend von dieser Sichtweise werden verschiedene kritische Diagnoseszenarien für die Messdatenqualität beschrieben. Als Analyseergebnis wurden die Anforderungen **„Zentralisierung des Diagnosesystems"** und **„Asynchrone remote Kommunikation"**,

© Der/die Autor(en), exklusiv lizenziert an
Springer Fachmedien Wiesbaden GmbH, ein Teil von Springer Nature 2023
K. A. Komarek, *Konzept eines remote Diagnosesystems zur Qualitätssteigerung von Messdaten in der modernen Fahrzeugentwicklung*, Wissenschaftliche Reihe Fahrzeugtechnik Universität Stuttgart, https://doi.org/10.1007/978-3-658-43960-6_6

sowie als zentrales Kernelement **„Aggregieren von Diagnosedaten"** bestimmt.

In diesem Zuge wurde das neue **XCXS-Verfahren** (XML document clustering with XEdge and weighted structure and content similarity) entwickelt und vorgestellt. Das Verfahren gruppiert automatisch Diagnosedaten (ODX) anhand inhaltlicher und struktureller Ähnlichkeiten mit einem effizienten inkrementellen Clusteralgorithmus. Das deterministische Konzept nach SPOT-Prinzip wird aufgeweitet zu einem Verfahren mit varianten- und änderungsaffinen Diagnosecluster. Diese Verfahren besitzt fünf verschiedene Freiheitsgrade zur Parametrierung und Gewichtung der Ähnlichkeiten und Cluster (XCXS-Konfiguration) und ermöglicht damit das adaptive Konfigurieren der resultierenden Daten.

Diese Arbeit stellt ein prototypisches remote Diagnosesystem vor. Dieses System ermöglicht einen asynchronen Austausch von geclusterten Diagnoseobjekten. Die berechneten Diagnosecluster sind als JSON-Objekte ausgeführt und beinhalten umfangreiche Änderungshistorien aus der Entwicklung. Zusätzlich zentralisiert das remote System Daten und Softwarekomponenten in der Cloud. Auf Basis dieser Informationen ist es möglich, neue Anfrage- und Interpretationsstrategien bereits zur Diagnoselaufzeit darzustellen. Am Beispiel eines berechneten Clusters für den Diagnosedienst **„Engine_Trq"** (Motordrehmoment) zeigt diese Arbeit, wie Diagnosefehler identifizierbar gemacht werden können. Abschließend wird der praktische Nachweis zur Qualitätssteigerung der Diagnose erbracht. Der Versuchsdatensatz umfasst Antriebstrangsteuergeräte eines Fahrzeuges der mittleren Oberklasse. Die neue Clusterdiagnose im zentralisierten und asynchronen remote Diagnosesystem führt zu einer durchschnittlichen Gesamtoptimierung von $OPT_{\emptyset,ges} = 56,63\%$ für 1715 Datensätze. Die Optimierungsrate bezieht sich auf den Vergleich mit einem klassischen Diagnosesystem. Durch den Informationsvorsprung stellt dieses Verfahren ein neues Werkzeug für die schnelllebige Entwicklung dar. Mit dem neu vorgestellten XCXS-Verfahren schafft diese Arbeit die Grundlage, diagnostische Fehler über die gesamte Wertschöpfungskette identifizierbar zu machen.

6.2 Ausblick

Der Einsatz von künstlicher Intelligenz, wissensbasierten Methoden oder selbstoptimierenden Systemen für neue diagnostische Anfrage- oder Interpretationsstrategien ist Gegenstand weiterer Untersuchungen [75] [76] [77]. Das einhergehende Potenzial, die remote Diagnose auf Grundlage der XCXS-Cluster weiter zu verbessern, ist hoch und vielversprechend.

Mögliche weitere Überlegungen sind das XCSX-Verfahren auf standardisierte Beschreibungsdaten von Steuergeräten oder gesamten Netzwerktopologien, wie A2L (Steuergerätebeschreibung), ARXML (Netzwerk- und Signalbeschreibung) oder DBC (CAN-Beschreibung) anzuwenden. Hierzu bietet die XCXS-Konfiguration mit verschiedenen Freiheitsgraden der Parametrierung eine geeignete Grundlage.

Die Zusammensetzung der Diagnosecluster spielt für die Identifizierbarkeit der Fehlerquellen und die Diagnosequalität eine entscheidende Rolle. Gegenstand weiterer Untersuchungen, ist es, aufbauende Verfahren zu entwickeln, die optimierte Verteilungen und Größen von Diagnosecluster über verschiedene Baureihen, Varianten und Versionen darstellen können.

Weiterführend sollten Prozesse zur Integration, des neuen XCXS-Verfahrens, in cloudbasierte Systeme geprüft werden. Insbesondere ist hier das Anwendungsfeld des neuen Diagnosesystems SOVD interessant. Die Kombination von SOVD mit dem cloudbasierten XCXS-Verfahren könnte die Fehlerhäufigkeit von diagnostischen Messdaten stark reduzieren.

Literaturverzeichnis

[1] K. Reif, Automobilelektronik, 5. Hrsg., Wiesbaden: Springer Verlag, 2014, p. 417.

[2] M. Wolan, „Technologie: Exponentielles Wachstum von Maschinenintelligenz," in *Next Generation Digital Transformation - 50 Prinzipien für erfolgreichen Unternehmenswandel im Zeitalter der künstlichen Intelligenz*, Köln, Springer Gabler, 2020, p. 27.

[3] C. Amato und M. Steffelbauer, „Maximale Effizienz durch parallelen Remote-Zugriff," in *Diagnose in mechatronischen Fahrzeugsystemen XV - Predictive Maintenance, Remote Diagnose, KI / Maschinelles Lernen, Standardisierung, HU und ePTI*, Dresden, TUDpress, 2022, pp. 129-130.

[4] S. Bienk, „ASAM ODX: Syntax as Semantics," International Conference on Software Engineering (ICSE), Erlangen, 2008.

[5] W. Pape, Handwörterbuch der griechischen Sprache, Bde. %1 von %21: A-K, Braunschweig: Vieweg & Sohn, 1914, p. 574.

[6] K. Bilinski, „Methoden zur Fehlererkennung und -diagnose des Hochdruckeinspritzsystems von Ottomotoren," Universität Stuttgart, Stuttgart, 2012.

[7] J. Schäuffele und T. Zurawka, Automotive Software Engineering, 5. Hrsg., Wiesbaden: Springer Vieweg, 2016, p. 113.

[8] emotive GmbH & Co. KG, „ISO OSI Schichtenmodell," [Online]. Available: https://www.emotive.de/wiki/index.php?title=ISO_OSI_Schichtenmodell. [Zugriff am 4. Oktober 2022].

[9]   W.Zimmermann und R.Schmidgall, Bussysteme in der Fahrzeug-
       technik: Protokolle, Standards und Softwarearchitektur, 5. Hrsg.,
       Wiesbaden: Springer Vieweg, 2014.

[10]   ISO 14229, Road vehicle - Unified diagnostic services (UDS) -
       Specification and Requirements, Geneva: International Organization
       for Standardization, 2006.

[11]   ISO 15031-3, Road vehicles - Communication between vehicles and
       external equipment for emissions-related diagnostics, Geneva:
       International Organization for Standardization, 2004.

[12]   ISO 15765-3, Road vehicles — Diagnostics on Controller Area
       Networks (CAN) - Part 3: Implementation of unified diagnostic
       services (UDS on CAN), Geneva: International Organization for
       Standardization, 2004.

[13]   ISO 13400-2, Road vehicles - Diagnostic communication over Internet
       Protocol (DoIP), Geneva: International Organization for Standard-
       ization, 2012.

[14]   M. Sirch, „Standardisierte Fahrzeug-Diagnose über Ethernet"
       HANSER automotive 5-6 / 2015, pp. 14 - 16, 2015.

[15]   F. Hüning, Embedded Systems für IoT, Berlin: Springer Vieweg,
       2019, p. 125.

[16]   ISO 22900-3, Road vehicle communication Interface (MVCI) - Part3:
       Diagnostic server application programming interface (D-Server API),
       Geneva: Internation Organization for Standardization, 2009.

[17]   ISO 22900-2, Road vehicles - Modular vehicle communication
       Interface (MVCI) - Part2: Diagnostic protocol data unit application
       programming interface (D-PDU API)), Geneva: International
       Organization for Standardization, 2009.

[18] ISO 22900-1, Road vehicles - Modular vehicle communication interface (MVCI), Geneva: International Organization for Standardization, 2008.

[19] emotive GmbH & Co. KG, „MVCI-Server," [Online]. Available: https://www.emotive.de/wiki/index.php?title=MVCI-Server. [Zugriff am 5. Oktober 2022].

[20] K. Borgeest, Elektronik in der Fahrzeugtechnik, Wiesbaden: ATZ/ MTZ-Fachbuch, 2014.

[21] Kompakt-Lexikon Wirtschaft, Wiesbaden: Springer Fachmedien, 2014.

[22] ISO 22901-1, Road vehicles - Open diagnostic data exchange (ODX) - Part1: Data model specification, Geneva: International Organization for Standardization, 2008.

[23] ISO 22901-2, Road vehicles - Open diagnostic data exchange (ODX) - Part 2: Emission-related diagnostic data, Geneva: International Organization for Standardization, 2011.

[24] W3C, „Extensible Markup Language (XML) 1.0," [Online]. Available:https://web.archive.org/web/20060615212726 http://www.w3.org/TR/1998/REC-xml-19980210. [Zugriff am 5. Oktober 2022].

[25] R. Breu, Objektorientierter Softwareentwurf: Integration mit UML, Berlin: Springer Berlin Heidelberg, 2001.

[26] A. Nata und E. K. Kodati, „Implementation of ECU Specific Requirements in ODX Generation Using Variation Management" Asia Occania Systems Engineering Conference, Bangalore, 2019.

[27] F. Schäffer, OBD: Fahrzeugdiagnose in der Praxis (Elektronik), Haar: Franzis Verlag GmbH, 2012.

[28] ISO 13209-1, Road vehicles - Open Test sequence - eXchange format (OTX) - Part 1: General information and use cases, Geneva: International Organization for Standardization, 2011.

[29] D. Natterer, T. Ströbele und F. Krauss, „ODX process from the perspective of an automotive supplier," 14. Internationales Stuttgarter Symposium, Stuttgart, 2014.

[30] M. Fritz, M. Hackner, W. Lehle und M. Willimowski, „Diagnoseentwicklungsmethodik am Beispiel Dieselsysteme," in *Elektronisches Management motorischer Fahrzeugantriebe*, Wiesbaden, GMV Fachverlag GmbH, 2010, pp. 400-405.

[31] Softing Automotive Electronics GmbH, „Softing OTX.studio," Softing Automotive Electronics GmbH, [Online]. Available: https://automotive.softing.com/de/produkte/softingdts/softing-otxstudio.html. [Zugriff am 6. Oktober 2022].

[32] emotive GmbH & Co. KG, „Open Test Framework," [Online]. Available: https://www.emotive.de/otf-en.html. [Zugriff am 6. Oktober 2022].

[33] ISO 13209-2, Road vehicles - Open Test sequence - eXchange format (OTX) - Part 2: Core data model specification and requirements, Geneva: International Organization for Standardization, 2012.

[34] B. Wenzel und T. Weidemann, „SOVD – Service Oriented Vehicle Diagnostics," in *Diagnose in mechatronischen Fahrzeugsystemen*, Dresden, 2022.

[35] H. Yun und S. Lee, „ODX-based Vehicle Mobile Gateway for EV Telematics," International Conference on ICT Convergence, Seoul, 2011.

[36] M. Steffelbauer, „SOVD – Der Diagnosestandard von morgen," *ATZextra*, 2021.

[37]   R. Abramowitsch und T. Weidemann, „SOVD Hands-On - Los geht's! SOVD in der Praxis," in *Diagnose in mechatronischen Fahrzeugsystemen XV*, Dresden, TUDpress, 2022, pp. 140 - 155.

[38]   C. Rätz und B. Gottschalk, „Diagnostics beyond UDS," in *Diagnose in mechatronischen Fahrzeugsystemen*, Dresden, 2021.

[39]   B. Böhlen, O. Meyer, S. Becker und R. Stoffel, „Diagnose von HPCs über SOVD," in *Diagnose in mechatronischen Fahrzeugsystemen XV*, Dresden, TUDpress, 2022, pp. 125-127.

[40]   R. Nayak, „Fast and effective clustering of XML data using structural information," Springer-Verlag London Limited 2007, London, 2007.

[41]   P. Antonellis, C. Makris und N. Tsirakis, „XEdge: Clustering Homogeneous and Heterogeneous XML Documents Using Edge Summaries," Proceedings of the 2008 ACM Symposium on Applied Computing (SAC), Fortaleza, 2008.

[42]   R. W. Hamming, „Error Detecting and Error Correcting Codes," The Bell System Technical Journal, 1950.

[43]   C. Beierle und G. Kern-Isberner, „Die Bestimmung der Ähnlichkeit," in *Methoden wissensbasierter Systeme - Grundlagen, Algorithmen, Anwendungen*, Wiesbaden, Springer Vieweg, 2014, pp. 190-191.

[44]   S. Guhlemann, „Neue Indexingverfahren für Ähnlichkeitssuche in metrischen Räumen über großen Datenmengen," TU Dresden, Dresden, 2016.

[45]   F. J. Damerau, „A Technique for Computer Detection and Correction of Spelling Errors," Communications of the ACM, New York, 1964.

[46]   O. Krieger, „Wahrscheinlichkeitsbasierte Fahrzeugdiagnose mit individueller Prüfstrategie," Technische Universität Carolo-Wilhelmina zu Braunschweig, Braunschweig, 2011.

[47]   F. Schwarz, „Entwicklung und Einsatz innovativer HMI-Software zur Diagnose elektronischer Steuergeräte in der Automobilindustrie" Universität Passsu, Passau, 2008.

[48]   S. Singer, „Das Auto wird zum Rechenzentrum," *ATZelektronik,* pp. 70-77, Juli/August 2020.

[49]   B. Krausz, K. Komarek, H.-C. Reuss, M. Breuning und M. Grimm, „Konzepte zur ganzheitlichen Interpretation und Absicherung der Fahrzeugdiagnose in der frühen Entwicklungsphase," in *Diagnose in mechatronischen Fahrzeugsystemen - neue Verfahren für Test, Prüfung und Diagnose von E/E-Systemen im Kfz,* Dresden, TUDpress, 2017.

[50]   C. Weiner und M. Steffelbauer, „Remote Engineering - Direkte und effizente Fehleranlayse duch Experten der Fahrzeudiagnose," in *Tagungsband Diagnose in mechatronischen Fahrzeugsystemen XIII: Neue Verfahren für Test, Prüfung und Diagnose von E/E-Systemen im Kfz,* Dresden, 2019.

[51]   H. Wallentowitz und K. Reif, Handbuch Kraftfahrzeugelektronik, Wiesbaden: Vieweg & Sohn Verlag, 2006.

[52]   Wikipedia, „Wikipedia - Synchrone Kommunikation," [Online]. Available: https://de.wikipedia.org/wiki/Synchrone_Kommunikation. [Zugriff am 2. November 2022].

[53]   P. Mandl, A. Bakomenko und J. Weiß, „Synchrone und asynchrone Kommunikation," in *Grundkurs Datenkommunikation - TCP/IP-basierte Kommunikation: Grundlagen, Konzepte und Standards,* Wiesbaden, Vieweg+Teubner Verlag, 2010, pp. 318-320.

[54]   M. Revfi, G. Zoppelt und H.-C. Reuss, „Asynchrone Remote-Diagnose und –Update im Detail: Automatisierung des Diagnoseexperten im Fahrzeug," in *Diagnose in mechatronischen Fahrzeugsystemen XI,* Dresden, TUDpress, 2017.

[55] F. Buschmann, R. Meunier, P. Sommerlad und M. Stal, „Pattern-oriented Software Architecture," in *ICM - Internatonal Congress Centre Munich*, Chichester / New York, 2008.

[56] R. Bär und P. Purtschert, „Single-Point-of-Truth," in *Lean-Reporting - Optimierung der Effizienz im Berichtwesen*, Wiesbaden, Springer Vieweg, 2014, pp. 239-241.

[57] A. Cremmel, A. Azarian und A. Siadat, „Proposal of an ODX Data Exchange System Applied to Automotive Diagnosis," Cybernetics and Intelligent Systems, 2008 IEEE Conference on, 2008.

[58] B. Rumpe und J. Schiffers, „Herausforderungen an die Diagnose Integration der Diagnose in die Steuergeräteentwicklung," *Zeitschrift für die gesamte Wertschöpfungskette Automobilwirtschaft*, pp. 65-69, Januar 2006.

[59] P. Bille, „A survey on tree edit distance and related problems" Elsevier, Kopenhagen, 2004.

[60] S. Dulucq und H. Touzet, „Analysis of Tree Edit Distance Algorithms" Springer-Verlag , Berlin Heidelberg, 2003.

[61] S. Brodersen, „Editierdistanzen von Baumstrukturen," Zürich, 2003.

[62] K. Zhang und D. Shasha, „Simple Fast Algorithms for the Editing Distance Between Trees and related Problems," SIAM Journal on Computing, 1989.

[63] S. Schwarz, M. Pawlik und N. Augsten, „A New Perspective on the Tree Edit Distance," 10th International Conference, SISAP 2017, München, 2017.

[64] R. Desoki und A. Elfatatry, „EXCLS: Enhanced XML clustering by level structure accuracy," International Journal of Web Engineering and Technology, 2014.

[65] G. Yongming, C. Dehua und L. JIajin, „An Extended Vector Space Model for XML Information Retrieval," IEEE Computer Science, 2009.

[66] D. Shasha, „Simple Fast Algorithms for the editing distance between trees and releated problems," SIAM Journal on Computing, New York, 1989.

[67] A. Schoknecht, „Ähnlichkeitsbasierte Suche in Geschäftsprozess-modelldatenbanken" KIT Scientific Publishing, Karlsruhe, 2018.

[68] J. M. Kohl, „Effiziente Diagnose von verteilten Funktionen automobiler Steuergeräte" Technische Universität München, München, 2012.

[69] J. A. Hartigan und M. A. Wong, „Algorithm AS 136: A K-Means Clustering Algorithm," *Journal of the Royal Statistical Society,* pp. 100-108, 1979.

[70] J. Aßfalg, C. Böhm, K. Borgwardt, M. Ester, E. Januzaj, K. Kailing, P. Kröger, J. Sander, M. Schubert und A. Zimek, „Kapitel 5: Clustering," *Knowledge Discovery in Databases,* 2003.

[71] D. Habich, „Komplexe Datenanalyseprozesse in serviceorientierter Umgebung," TU Dresden, Dresden, 2009.

[72] B. Krausz, „Methode zur Reifegradsteigerung mittels Fehlerkategorisierung von Diagnoseinformationen in der Fahrzeugentwicklung" Springer Vieweg, Stuttgart, 2018.

[73] N. G. Rezk, A. Sarhan und A. Algergawy, „Clustering of XML Documents Based on Structure and Aggregated Content," 11th International Conference on Computer Engineering & Systems (ICCES), 2016.

[74] D. Abts, „Datenaustausch mit JSON," in *Masterkuirs Cleint/Server-Programmierung mit Java*, Wiesbaden, Springer Vieweg, 2019, pp. 23-35.

[75]   A. Trächtler und J. Gausemeier, „Selbstoptimierende Systeme," in *Steigerung der Intelligenz mechantronischer Systeme*, Paderborn, Springer Vieweg, 2018, pp. 22-25.

[76]   C. Beierle und G. Kern-Isberner, „Maschnielles Lernen," in *Methoden wissenbasierter Systeme*, Hagen, Springer Vieweg, 2014, pp. 98-157.

[77]   C. Beierle und G. Kern-Isberner, „Wissensbasierte Systeme im Überblick," in *Methoden wissensbasierter Systeme*, Hagen, Springer Vieweg, 2014, pp. 7-11.

[78]   ISO 13209-3, Road vehicles — Open Test sequence - eXchange format (OTX) - Part 3: Standard extensions and requirements, Geneva: International Organization for Standardization, 2012.

Anhang

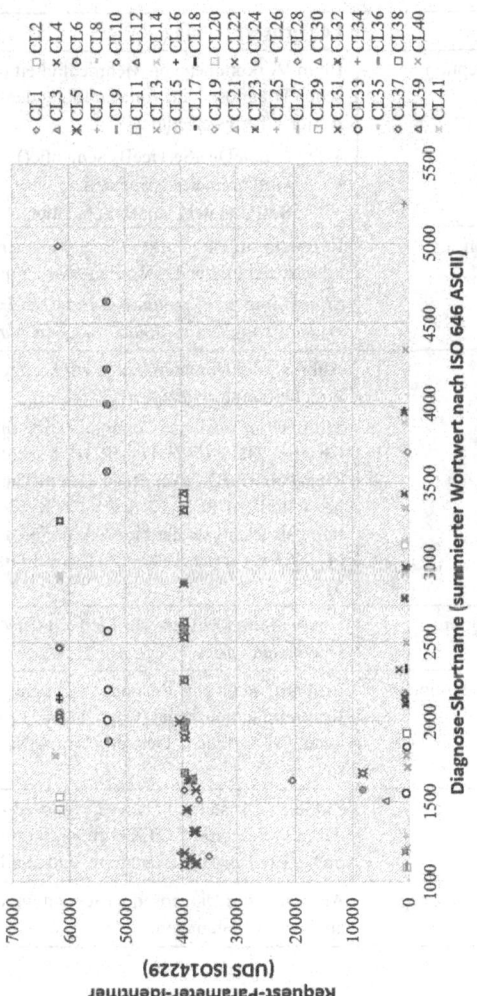

Abbildung A.1: Geclusterte Datenpunkte DIAG-COMM Objekte nach dem XCXS-Verfahren von Cluster 1 bi 41

Tabelle A.1:　　Aufzählung der Ausnahmen-Typen bei fehlerhafter Diagnosekommunikation (DiagCom) definiert in der ISO 13209-3 für OTX [78]

DiagCom-Exceptions	Fehlerbeschreibung
AmbiguousSemanticException	Beim Vorkommen von Mehrdeutigkeit in der semantischen Diagnose wird von den folgenden OTX-Actions/Terms erzeugt: • CreateDiagServiceBySemantic() • GetParameterBySemantic() • SetParamterValueBySemantic()
UnknownTargetException	Referenz auf ein Objekt (z.B. SN-Ref auf Diagnosedienst) konnte nicht gefunden werden oder ist nicht definiert. ***Shortname nicht vorhanden in ODX***: *Unknown DiagService "DiagService_Read" in ComChannel "ECU_A"*
LossOfComException	Abbruch der Kommunikation zur Laufzeit (Kabel wurde vom Fahrzeug abgezogen) **Simulation war aus:** Communication disturbed on ComChannel 'UDS_CAN_D_MRD1', ExecuteDiagService 'Genr100_CurExctAct_Read' (D090 The D-PDU API call has failed/101 PDU_ERR_EVT_TX_ERROR: Timeout at transmit frame, sender blocked (65568)) (47/67,Exception.Test1@Action20171006120552742928 5)
UnknownResponseException	Unerwartete Response zur Laufzeit der Ausführung eines Diagnosedienstes
UnknownComChannelException	Tritt auf, wenn eine Response nicht eindeutig an einem Kommunikationskanal (ComChannel) zugeordnet werden kann. OTX-Action „GetComChannelNameFromResponse".
InvalidStateException	Zyklische Ausführung eines Diagnosedienstes wird wiederholt angefordert. OTX-Action „StartReleatedExecution", „StopRepeatedExecution" und „SetRepetitionTime"
IncompleteParameterizationException	Anfrage eines Diagnosedienstes mit unvollständigem Satz an Request-Parametern

Printed in the United States
by Baker & Taylor Publisher Services